50 IDEIAS DE BIOLOGIA QUE VOCÊ PRECISA CONHECER

Tradução
Petê Rissatti

Planeta

Título original: *50 Biology Ideas You Really Need to Know*

Preparação: Andrea Bruno
Revisão técnica: Hosana Zotelli
Revisão: Hosana Zotelli e Rosane Albert
Diagramação: Vivian Oliveira
Capa: Adaptada do projeto de Compañía
Imagem de capa: Don Farrell / Getty Images

DADOS INTERNACIONAIS DE CATALOGAÇÃO NA PUBLICAÇÃO (CIP)
ANGÉLICA ILACQUA CRB-8/7057

Chamary, JV
50 ideias de biologia que você precisa conhecer / JV Chamary ; tradução de Petê Rissatti. -- São Paulo : Planeta do Brasil, 2019.
216 p.

ISBN: 978-85-422-1524-3
Título original: *50 Biology Ideas You Really Need to Know*

1. Biologia - Miscelânea I. Título. II. Rissatti, Petê

18-2162 CDD: 570.2

Índices para catálogo sistemático:
1. Biologia - Miscelânea

2019

EDITORA PLANETA DO BRASIL LTDA.
Rua Bela Cintra, 986 – 4º andar
01415-002 – Consolação
São Paulo-SP
www.planetadelivros.com.br
atendimento@editoraplaneta.com.br

Sumário

Introdução

O que é a vida? A biologia é o estudo da vida. Então, antes de explorarmos os conceitos mais importantes da biologia, provavelmente precisaremos compreender o que "vida" realmente significa. No entanto, acabaremos andando em círculos se buscarmos seu significado em um dicionário, cujas definições usam expressões como "seres vivos" (em outras palavras, vida), "organismos" (de novo, vida) e "plantas e animais" (isso mesmo, vida!).

A biologia é a ciência das exceções, e isso ajuda a explicar por que a vida é tão difícil de rotular. Tomemos os vírus como exemplo. Muitos biólogos acham que um vírus não está vivo, pois ele não pode se reproduzir fora de uma célula hospedeira; porém, essa definição ignora casos como o da *Mycobacterium leprae*, um parasita intracelular que também não pode viver de forma independente. Não é de surpreender que os cientistas não tenham chegado a um consenso.

Enquanto a física tem várias leis, a única lei da biologia é a da evolução – embora a reprodução exija que genes e organismos tenham células. Os primeiros três capítulos deste livro exploram esses tópicos fundamentais antes de abordarmos a origem da vida – tecnicamente, química – e a árvore da vida. Os capítulos seguintes são divididos em quatro sessões de organização crescente: genes (capítulos 6 a 16), células (17 a 24), corpos (25 a 40) e populações (41 a 50). Nesta jornada, nós, seres humanos, teremos um próprio capítulo, bem como os vírus, o que nos leva de volta àquela grande questão.

Há duas maneiras de definir a vida: o que ela *tem* (por exemplo, células) e o que ela *faz* (processos como reprodução). Acredito que os vírus estão vivos, então digamos que a vida "tem" um recipiente para incluir o invólucro celular e o viral. Um corpo "faz" uma réplica (reprodução) e populações se adaptam a um ambiente por meio da evolução por seleção natural. Então, o que é a vida? A minha concepção de vida é a seguinte: uma entidade independente capaz de se replicar e se adaptar. Ela funciona, mas é pouco atraente. Se você encontrar uma definição melhor depois da leitura deste livro, eu adoraria conhecê-la.

JV Chamary

01 Evolução

Todo organismo, passado e presente, está relacionado por meio da evolução e descende de ancestrais comuns. A mudança, ao longo do tempo, é impulsionada por mutações genéticas e adaptações ambientais, um processo que continua ininterruptamente desde a primeira forma de vida na Terra e é responsável pela biodiversidade que vemos hoje.

A vida é uma grande família, e você é uma folha em uma árvore genealógica de um tamanho impossível de imaginar. Os seres humanos não descendem dos macacos, mas somos ambos primatas, ou seja, primos. Nossos parentes mais distantes incluem de bactérias a pássaros, e cada organismo descende do mais antigo dos avós, uma comunidade de células simples que são os ancestrais de toda a vida na Terra. No entanto, embora tenhamos um ascendente comum, somos diferentes porque qualquer população determinada – uma família, uma espécie, o reino animal – pode mudar com o tempo. Essa é metade da teoria da evolução ou, como Charles Darwin a chamou, é a "descendência com modificação".

Mutação Até o século XIX, acreditava-se que cada tipo de organismo (espécie) não podia mudar – era fixo ou imutável. Então, em 1809, o naturalista francês Jean-Baptiste Lamarck apresentou seu caso de "transformismo" ou "transmutação" de espécies. Seu livro *Philosophie Zoologique* propunha que as espécies mudam devido a pressões no ambiente. Lamarck estava correto quanto ao motivo por que os organismos se adaptam, mas errado sobre como eles o fazem; ele dizia que as adaptações poderiam ser adquiridas durante a vida de um indivíduo e passadas de geração em geração – o pescoço da girafa crescia cada vez mais porque seus ancestrais o esticavam para alcançar árvores altas.

A teoria de Lamarck, a herança de características adquiridas, foi rechaçada quando cientistas perceberam que as células do corpo não transmitiam atributos. Em 1883, o biólogo alemão August Weismann batizou essa ideia de

linha do tempo

1809
A teoria da evolução com espécies que mudam com o tempo é esboçada por Lamarck

1859
A origem das espécies, de Darwin, explica a adaptação por seleção natural

1865
As leis de Mendel da herança revelam genes como unidades distintas de hereditariedade

teoria do germoplasma: apenas células reprodutivas como o esperma e o óvulo carregariam informações hereditárias. O monge austríaco Gregor Mendel, cujos experimentos de reprodução com ervilhas foram redescobertos em 1900, provou que as características são herdadas como partículas distintas – o que agora chamamos de genes.

Hoje em dia, a palavra "mutação" é associada às mutações genéticas e a seu impacto nas características individuais, como metabolismo e aparência. As mutações são a fonte principal da variação biológica e fornecem a matéria-prima para a natureza eliminar organismos que não estejam bem-adaptados a seu ambiente. Essa é a segunda metade da teoria da evolução de Darwin – a seleção natural.

A árvore evolucionária de Darwin

Primeiro esboço de Charles Darwin para representar os relacionamentos entre organismos, do Caderno B sobre "transmutação das espécies" (1837). Esse primeiro desenho de uma árvore da vida mostra um ancestral comum na raiz (indicado como "1"). Ramos que terminam com um "T" (indicados como A, B, C e D) são os seres vivos; os outros são os grupos extintos.

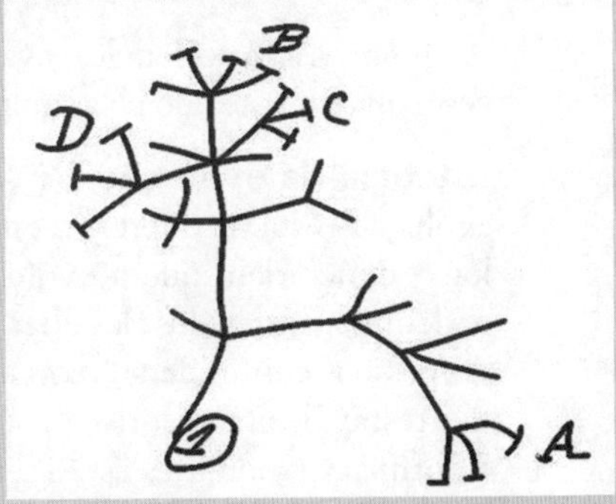

Adaptação Em 1859, Darwin publicou *A origem das espécies*, livro que descreve a diversidade da vida e o mecanismo que impulsiona populações a se adaptar ao ambiente: evolução por seleção natural. Com frequência a teoria é simplificada para "a sobrevivência do mais forte", o que é levemente enganoso. Em primeiro lugar, "mais forte" obviamente envolve mais que desempenho físico – na biologia, mais forte significa quem tem a capacidade de sobreviver e reproduzir. Segundo, as pressões ambientais que levam a natureza a escolher entre os indivíduos – como a competição por recursos ou pares – não levam ao melhor, apenas descartam os piores. É melhor pensar na seleção natural como "a morte do menos adaptado".

A seleção natural é a principal força que impulsiona a evolução, mas não é o único fator que influencia a maneira como as populações mudam. O oposto

1883
Weismann propõe características que são herdadas apenas via células reprodutivas

1910
Morgan e seus alunos demonstram que as mutações genéticas são a fonte da variação

Anos 1930
A síntese evolutiva moderna combina seleção natural com genética

da seleção natural é a "seleção purificadora", um processo que impede a mudança desnecessária (se não está quebrado, não conserte). A mutação também pode ter um efeito menor em um indivíduo que esteja efetivamente oculto na seleção, então o destino da mutação no fundo (ou *pool*) genético da população depende do acaso ou da "deriva genética" aleatória. Nos anos 1930, geneticistas populacionais incorporaram essas ideias na teoria da seleção natural para criar uma síntese evolutiva moderna, ou "neodarwinismo".

> **"A partir de um início tão simples, infinitas formas, as mais belas e mais maravilhosas, foram e estão sendo geradas pela evolução."**
>
> **Charles Darwin**

Evolução é como um carro em uma leve ladeira. O veículo vai descer lentamente em virtude da reprodução e da deriva genética. Ao pisar no freio, paramos e desfrutamos do cenário (seleção purificadora). Ao pisarmos no acelerador, avançamos mais rápido e nos adaptamos, um processo que é abastecido pelas mutações e pela variação (seleção natural).

A teoria da evolução Parte do problema de compreender a "teoria da evolução" está na diferença entre a terminologia popular e a científica. Biólogos concordam que a evolução acontece – é um fato, é verdade –, mas podem discordar dos detalhes de seus mecanismos fundamentais: a teoria. As pessoas confundem "teoria" com "hipótese" (uma hipótese é uma previsão testável; uma teoria é a estrutura para ideias). Como qualquer teoria científica, os detalhes estão sendo constantemente refinados – como a teoria da gravidade, que não é mais baseada na lei universal da gravitação de Newton, mas foi acrescida da teoria geral da relatividade de Einstein. "Evolução" é outra palavra confusa. Ela significa "desenrolar" (qualquer mudança gradual), mas com frequência é usada como sinônimo de avanço ou desenvolvimento, o que explica por que filmes de ficção científica às vezes afirmam que indivíduos podem "evoluir".

As adaptações da natureza são tão incríveis que pode ser difícil imaginar como elas conseguem ser formadas por múltiplos níveis evolutivos. Esse fato produz interpretações incorretas, como as do filósofo cristão William Paley, que, em 1902, comparou a complexidade da vida aos mecanismos intrincados de um relógio. Esse pensamento criacionista foi renomeado como "design inteligente", uma falácia lógica baseada no "argumento da ignorância" ou no "deus das lacunas". Em ambos os casos, se há uma lacuna na compreensão de um leigo ou especialista – um "elo faltante" na cadeia evolutiva (embora os cientistas prefiram o termo "fóssil transicional") –, então se considera uma explicação sobrenatural.

Ao se observar a natureza, pode parecer que as espécies são perfeitamente adequadas a seu ambiente. Isso leva às atraentes histórias do "é assim mes-

Design inteligente

Design inteligente (DI) é o conceito de que seres vivos são tão complexos que devem ter sido criados por um *designer* inteligente, como Deus ou alienígenas. O DI usa dois argumentos principais. A "complexidade específica" alega que informações biológicas, que codificam padrões e características, têm uma complexidade tão incrível que a probabilidade de terem conseguido evoluir por acaso é extremamente baixa. Diferente de uma teoria científica, esse argumento não faz previsões testáveis que provem se isso é verdadeiro ou falso; em vez disso, usa algoritmos para detectar um planejamento em exemplos abstratos. A "complexidade irredutível" declara que certos sistemas biológicos são complexos demais para terem evoluído de sistemas mais simples. Um exemplo é o flagelo, a cauda semelhante a um chicote que algumas bactérias usam para sua mobilidade, que é comparado a uma ratoeira. Nos dois casos, se você reduzir o sistema a qualquer combinação de seus componentes, ele não funcionará. A explicação evolutiva é que partes de um sistema podem aparecer em um processo gradual. Algumas bactérias, por exemplo, usam partes do flagelo para se prender a superfícies ou liberar proteínas.

mo" para explicar características, como o longo pescoço da girafa. Os organismos ao nosso redor são um legado da adaptação passada, não do ambiente dos dias atuais. Então, para compreender as características da vida, é preciso antes compreender por que elas evoluíram. Para citar um ensaio do geneticista Theodosius Dobzhansky: "Nada na biologia faz sentido, exceto à luz da evolução".

A ideia condensada: Populações sofrem mutação e se adaptam com o tempo

02 Genes

Os genes carregam informações biológicas de geração em geração e modelam cada característica de um organismo, desde o metabolismo interno até a aparência externa. Um conjunto completo de genes – o genoma – codifica as instruções constitutivas de um indivíduo e influencia sua capacidade de crescer, sobreviver e se reproduzir.

O que é um gene? Um dicionário o definirá como "uma unidade de hereditariedade que determina uma característica". É como muitos de nós entendem o conceito, e é por isso que talvez digamos que pessoas bonitas têm "bons genes", que a capacidade esportiva está "em seus genes" ou que pesquisadores descobriram "o gene" de alguma característica ou doença.

Variações genéticas diferentes também são "genes", então um gene hipotético da inteligência também pode ser rotulado como "o gene do gênio" ou "o gênio da estupidez", dependendo do ângulo da notícia. Cientistas fazem a mesma coisa: por exemplo, o desenvolvimento de uma drosófila é controlado por genes como corcunda e sem asa – designados segundo o efeito de mutações, não do que fazem normalmente. Pode-se atribuir uma certa confusão sobre a natureza dos genes ao fato de que o conceito mudou consideravelmente nos últimos 150 anos.

Unidades de hereditariedade A humanidade vem criando animais e plantas com traços desejáveis há milhares de anos, mas a explicação correta sobre como características são herdadas foi revelada apenas em 1865. A ciência da genética começou com o monge austro-húngaro Gregor Mendel, nascido onde hoje é a República Tcheca, que estudava de que forma características como cor de flores e formato de sementes são transmitidas às gerações seguintes. Seus experimentos reprodutivos com ervilhas forneceram observações estatísticas que lhe possibilitaram conceber leis de hereditariedade, princípios que sugeriam que os "elementos" que determinam feições são partículas separadas, unidades distintas de hereditariedade, que agora chamamos de genes.

linha do tempo

1865
Unidade distinta de hereditariedade: os experimentos de Mendel sugerem que genes são partículas

1910
Locus distinto: Morgan e seus alunos mostram que os genes estão nos cromossomos

1941
Modelo de uma proteína: Beadle e Tatum descobrem que mutações alteram enzimas

Natureza via criação

Não há debate sobre "natureza versus criação", ao menos entre os biólogos. Os argumentos são empolgantes, e é por isso que os jornalistas com frequência apresentam a natureza e a criação como pontos de vista opostos. Reportagens também relatam descobertas científicas usando frases como "o gene de" alguma coisa, sugerindo que a natureza determina completamente uma característica; e, por outro lado, alguns cientistas sociais, sobretudo psicólogos, afirmam que o comportamento é determinado pela criação. A verdade muitas vezes fica em algum lugar entre as duas opiniões. Considere a obesidade humana, por exemplo: os genes controlam sua predisposição para ganhar peso por meio de variantes genéticas que determinam o metabolismo energético e a resposta de seu corpo à atividade física (natureza), mas se manter em forma e saudável também significa não ingerir muitas calorias e praticar exercícios regularmente (criação). Assim, as características e o comportamento de um organismo são quase sempre o resultado de uma interação entre seus genes e o meio ambiente – a natureza via criação.

O gene foi de entidade abstrata a objeto concreto em 1910, quando o geneticista norte-americano Thomas Hunt Morgan descobriu uma drosófila com uma mutação que mudava a cor do olho de vermelho para branco. Seus experimentos reprodutivos mostraram que padrões de hereditariedade estavam relacionados a ser macho ou fêmea (determinado por diferentes cromossomos sexuais), e, portanto, que esses cromossomos são as estruturas físicas que carregam os genes. Morgan e seus alunos demonstraram que os genes estão localizados em um lugar específico em um cromossomo, e assim o gene se tornou um objeto físico em um "*locus*" distinto.

Os cromossomos consistem em dois tipos de moléculas: proteínas e DNA (ácido desoxirribonucleico). Qual é o material genético? Em 1944, o trio canadense-estadunidense Oswald Avery, Colin MacLeod e Maclyn McCarty demonstrou que bactérias não virulentas podiam ser transformadas em uma cepa mortal na presença de DNA, mas não de outras partes das células, provando que o DNA é a molécula que carrega os genes. Anteriormente, cientistas supunham que as proteínas eram o material genético porque seus blocos construtores químicos – aminoácidos – são mais variados do que os quatro nucleotídeos no DNA, transformando-os em um melhor candidato

1944
Molécula física: Avery, MacLeod e McCarty provam que o DNA é material genético

1961
Código transcrito: Crick e colegas mostram que o código genético usa sequências triplas

1995
Entidade genômica anotada: sequências de DNA são usadas para prever genes, inclusive o RNA

para a codificação das informações biológicas. Esse pensamento mudou depois que a estrutura do DNA foi revelada por James Watson e Francis Crick, em 1953, pois o pareamento entre bases na dupla-hélice revelou uma maneira de copiar informações. O gene transformou-se em uma molécula física.

Sequências de codificação de proteínas As proteínas fazem a maior parte do trabalho duro no corpo, desde formar o esqueleto interno de uma célula até servir como moléculas de sinalização entre os tecidos. Além disso, muitas proteínas são enzimas, que catalisam as reações químicas do metabolismo que impulsionam a vida. O efeito de um gene nas características de um organismo – o fenótipo – nem sempre é visível, mas é, em última análise, o resultado de como seu genótipo afeta a atividade bioquímica dentro das células. Em 1941, ao expor mofo de pão a raios X, os geneticistas norte-americanos George Beadle e Edward Tatum mostraram que as mutações causaram alterações nas enzimas em pontos específicos de uma via metabólica. Isso levou à hipótese "um gene, uma enzima" (mais tarde "um gene, uma proteína"), que apresenta os genes como instruções para se criar uma molécula funcional. Especificamente, o gene se tornou o modelo de uma proteína.

> **"Parece provável que a maioria das informações genéticas em qualquer organismo, se não todas, seja transportada por um ácido nucleico, em geral pelo DNA."**
>
> **Francis Crick**

Depois de desvendar a estrutura do DNA, os cientistas começaram a decifrar como suas instruções são usadas pelas células, traduzindo o código genético do DNA para a linguagem das proteínas. A primeira descoberta, de Francis Crick e colegas em 1961, mostrou que os genes usam palavras de três letras, ou trinca. Os cinco anos seguintes mostraram que cada trinca era um código para formar um aminoácido específico em uma cadeia de proteínas, mas antes que uma sequência de letras de DNA possa ser traduzida, deve ser transcrita – lida e copiada – em um RNA mensageiro (RNAm). Assim, os genes precisam codificar uma sequência ininterrupta de trincas: um "quadro de leitura aberto". Esse raciocínio levou à primeira sequenciação de gene a partir do bacteriófago MS2 pelo biólogo belga Walter Fiers, em 1971.

Em 1995, o geneticista norte-americano J. Craig Venter liderou uma equipe que publicou a primeira sequência de DNA de um organismo completo (a bactéria *Haemophilus influenzae*): as localizações de genes potenciais foram previstas pela varredura da sequência de quadros de leitura abertos. Nesse momento, o genoma se transformou em um dado de computador, e o gene, em uma entidade genômica anotada.

Produtos funcionais A visão do gene centrada em proteínas ainda é a maneira mais popular de se explicar sua função, mas o DNA também codifica os modelos para a criação do RNA. Pequenas moléculas de "RNA de transferência" são usadas para decifrar o código genético durante a tradução: por exemplo, considerando que a máquina que agrupa os aminoácidos em uma proteína – o ribossomo – é construída em torno do "RNA ribossômico". Desde a década de 1980, vários outros tipos de "RNA não codificador" foram descobertos para controlar aspectos da atividade genética.

A dupla-hélice

Os genes carregam informações biológicas que são codificadas como uma sequência de nucleotídeos (letras) no DNA. A beleza da estrutura de dupla-hélice do DNA não é sua espiral, mas o pareamento complementar entre as bases nos dois filamentos, que permite a cada filamento ser um modelo ou *backup* para o outro, tornando-o ideal para o transporte de instruções genéticas.

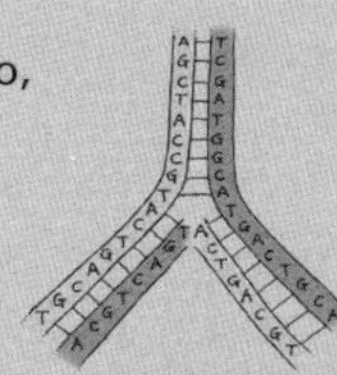

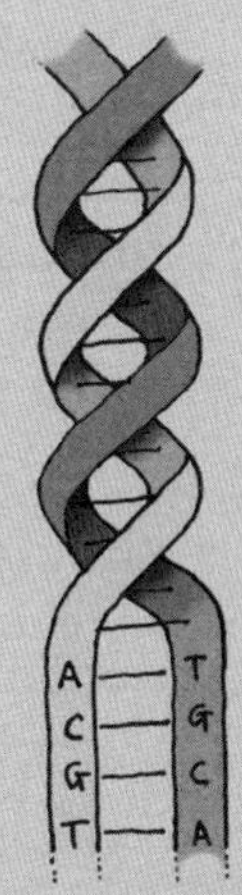

Embora os genomas em organismos como bactérias consistam principalmente em genes codificadores de proteínas, os genomas de muitas espécies são, em sua maioria, DNA não codificador – cerca de 98% do genoma humano não codifica proteínas. A "era da genômica" revelou que os genes geralmente consistem em várias partes espalhadas ao longo de um cromossomo, às vezes se sobrepondo umas às outras. O DNA está repleto de elementos funcionais, como interruptores de controle genético, que podem estar distantes de seu gene associado. Em 2007, biólogos da Universidade Yale, trabalhando no projeto Encode (Enciclopédia dos elementos de DNA, em português), apresentaram uma nova definição: "Um gene é uma união de sequências genômicas que codificam um conjunto coerente de produtos funcionais que potencialmente se sobrepõem".

A ideia condensada: Unidades de hereditariedade codificam biomoléculas funcionais

03 A célula

A unidade básica da vida pode funcionar como um organismo independente ou fazer parte de um corpo multicelular, e cada célula é preenchida com diversos compartimentos que desempenham as inúmeras reações do metabolismo. Por isso, é um pouco irônico que a célula tenha recebido esse nome por causa de espaços vazios.

Em 1665, o polímata inglês Robert Hooke publicou *Micrographia*, uma coleção de observações que fez usando microscópios e telescópios. Entre os muitos insetos e objetos astronômicos há um desenho detalhado e uma descrição da estrutura semelhante a um favo de mel dentro de uma fatia de cortiça. Ele chamou os espaços cheios de ar de "células".

O microscopista holandês Antonie van Leeuwenhoek foi o primeiro a ver células vivas e, a partir de 1673, começou a relatar sua descoberta em cartas à Royal Society de Londres. Ele descreveu minúsculas partículas em movimento e, supondo que a mobilidade se devesse à presença de vida animal, concluiu que eram "animálculos". Van Leeuwenhoek descobriu muitos organismos microscópicos, inclusive protistas unicelulares, células sanguíneas, espermatozoides e até bactérias nas placas dentárias, mas a velocidade do avanço diminuiu até a chegada do século XIX, quando microscópios ópticos e novas técnicas de preparação de tecidos possibilitaram a observação dentro das células.

Teoria celular O primeiro a afirmar que todas as formas de vida são feitas de células provavelmente foi o fisiologista vegetal francês Henri Dutrochet, em 1824, mas o crédito pela ideia em geral é dado a dois alemães: o botânico Matthias Schleiden e o zoólogo Theodor Schwann. Em 1838, Schleiden afirmou que toda estrutura vegetal consiste em células ou seus produtos, e Schwann disse que isso se aplicaria também aos animais.

A teoria celular de Schleiden e Schwann tinha três princípios: todos os seres vivos são compostos de células; a célula é a unidade mais básica da vida;

linha do tempo

1673
Organismos microscópicos, inclusive bactérias, são observados pela primeira vez por Van Leeuwenhoek

1824
Dutrochet propõe que todas as formas de vida consistem em células que realizam o metabolismo

1831
O núcleo é reconhecido por Brown como sendo onipresente em células vegetais

e as células se formam por cristalização. Sabemos agora que o último princípio está equivocado: as células não surgem por geração espontânea a partir de matéria inorgânica, mas, sim, quando uma célula preexistente se divide em duas, um processo observado em algas pelo belga Barthélemy Dumortier, em 1832, e em células animais pelo polonês Robert Remak, em 1841.

Em 1882, a divisão celular foi descrita em detalhes pelo biólogo alemão Walther Flemming. Depois da invenção das lentes de imersão em óleo e dos corantes que clarificavam as estruturas da célula, Flemming usou o anil para colorir os cromossomos e mostrou que eles eram copiados e arrastados para dentro de duas células-filhas. Esse processo, conhecido como "mitose", não é realizado por todas as células, apenas por aquelas cujos cromossomos estão contidos em um envelope nuclear.

Teoria dos germes

Atualmente, acreditamos que as doenças podem ser causadas por microrganismos invisíveis a olho nu, mas antes a maioria das pessoas acreditava que as doenças eram transmitidas por "miasma" ou contágio (contaminação ou contato direto). O microscopista holandês Antonie van Leeuwenhoek descobriu organismos muito pequenos para serem vistos a olho nu, mas não era óbvio se os microrganismos associados a uma doença eram sintomas ou causas. Então, na década de 1850, o químico e microbiologista francês Louis Pasteur mostrou que cerveja, vinho e leite continham células que se multiplicavam e estragavam alimentos. O aquecimento dos líquidos matava os microrganismos, tratamento conhecido atualmente como pasteurização. Os testes de Pasteur ajudaram a refutar a ideia de que a vida surge da matéria inorgânica por "geração espontânea", levando-o a pensar que, se os microrganismos causavam apodrecimento, talvez pudessem também causar doenças.

O núcleo O botânico escocês Robert Brown é mais conhecido por descrever o movimento aleatório de partículas através de um movimento fluido, ou browniano, mas também fez grandes contribuições para a biologia celular. Em um artigo lido para a Sociedade Lineana, em 1831, Brown observou que "uma única aréola circular… ou núcleo da célula" poderia ser encontrada em vários tecidos foliares de orquídeas, sugerindo que a estrutura era onipresente e, assim, importante nas células.

No entanto, o núcleo não é vital para a vida: as bactérias ficam felizes em deixar seu DNA – um cromossomo circular e muitas vezes alguns "plasmí-

1838-39
Teoria celular para unidade de vida é desenvolvida por Schleiden e Schwann

1884
Möbius descreve a estrutura dentro de organismos unicelulares como uma organela

1962
A distinção entre procariontes e eucariontes é popularizada por Stanier e Van Niel

Procariontes e eucariontes

Os organismos são procariontes ou eucariontes, definidos por suas células terem ou não um núcleo. O DNA dos procariontes, como as bactérias, está localizado no citoplasma, enquanto o material genético dos eucariontes está contido em um envelope nuclear. As células eucariontes são mais complexas e contêm compartimentos ligados à membrana, como mitocôndrias e cloroplastos.

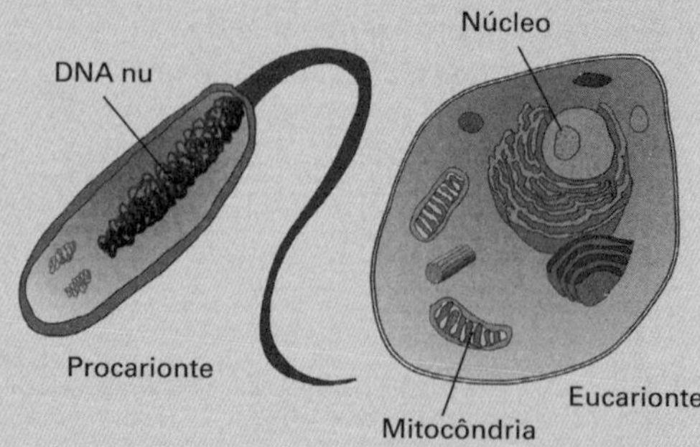

deos" – flutuando nu no citoplasma, o que pode ser uma vantagem, pois permite uma resposta rápida às necessidades metabólicas: a informação genética é lida a partir do DNA e, em seguida, interpretada para produzir proteínas úteis simultaneamente, em vez de desacoplar os processos, realizando a transcrição no núcleo e a transdução no citoplasma.

Os organismos são classificados segundo a presença do núcleo em suas células: os eucariontes têm um núcleo, enquanto os procariontes não, uma distinção popularizada pelos microbiologistas Roger Stanier e C. B. van Niel em 1962. Os eucariontes (do grego "noz verdadeira" ou "núcleo verdadeiro") incluem tudo, desde os protistas unicelulares até organismos multicelulares como animais e plantas; os procariontes ("antes da noz" ou "antes do núcleo") incluem os domínios *Bacteria* e *Archaea*. Então, como surgiu o núcleo? Há uma dúzia de hipóteses, que se dividem em dois tipos: origens externas envolvem um microrganismo evoluindo para o núcleo; origens internas sugerem que uma célula dobrou sua membrana externa para dentro para formar o envelope nuclear. Cenários externos incluem uma relação simbiótica com uma célula vivendo dentro de outra, uma arqueana cercada por uma comunidade de bactérias que mais tarde se fundiram e a infecção por um vírus complexo.

Organelas Em 1884, o zoólogo alemão Karl Möbius descreveu a estrutura reprodutiva em protistas unicelulares como "*organula*" (pequeno órgão). A palavra "organela" é usada atualmente para descrever qualquer estrutura com uma função distinta em células eucariontes. Muitos são até análogos aos órgãos do corpo humano: as mitocôndrias são como os pulmões, respirando oxigênio para liberar energia; o citoesqueleto se assemelha aos músculos e aos ossos, proporcionando movimento e suporte; a membrana plasmática é semelhante à pele, uma barreira largamente impenetrável; e o núcleo é como o cérebro, exceto pelo fato de armazenar a memória de ancestralidade genética em vez de experiências passadas.

Os procariontes têm órgãos ainda menores. Enquanto as células eucariontes têm compartimentos subcelulares ligados por uma ou mais membranas, as organelas procarióticas são envolvidas por conchas baseadas em proteínas. Algumas bactérias sentem o campo magnético da Terra usando uma cadeia de "magnetossomos", por exemplo, enquanto outras usam "carboxossomos" para concentrar a enzima de fabricação de carboidratos RuBisCO. As células eucariontes também têm compartimentos ligados a proteínas, misteriosas miniorganelas de função desconhecida chamadas de complexo vault.

> **"Se compararmos a extrema simplicidade dessa estrutura surpreendente com a extrema diversidade de sua natureza mais íntima, fica claro que ela constitui a unidade básica do estado organizado; de fato, tudo é derivado da célula."**
>
> **Henri Dutrochet**

Embora os organismos eucariontes tenham células complexas e possam formar corpos multicelulares grandes, os procariontes constituem a maior parte da vida na Terra. Os microfósseis mais antigos de células eucariontes têm cerca de 1,5 bilhão de anos, mas microrganismos simples já existiam antes deles havia cerca de 2 bilhões de anos. Complexidade não é uma medida de sucesso evolutivo, e maior não é necessariamente melhor.

A ideia condensada: As unidades estruturais e funcionais de todas as coisas vivas

04 A origem da vida

No início de sua história, nosso planeta era um mundo fumegante e infernal. No entanto, há 3,5 bilhões de anos, a vida se consolidou, como evidenciado por impressões fósseis semelhantes a células em rochas australianas antigas. Então, como a vida na Terra se desenvolveu a partir de processos abióticos inorgânicos, desenvolvendo características-chave como genes, metabolismo e uma membrana celular?

Na década de 1920, o bioquímico russo Alexander Oparin e o biólogo e matemático britânico J. B. S. Haldane propuseram, de forma independente, que a vida se originou em uma "sopa primordial". As reações químicas entre moléculas simples levaram a compostos orgânicos cada vez mais complexos no oceano, talvez alimentados por energia solar, para criar o que Haldane chamou de "sopa quente diluída". O teste mais famoso dessa teoria é o experimento de Miller-Urey, quando o químico norte-americano Stanley Miller, trabalhando no laboratório de Harold Urey, na Universidade de Chicago, tentou recriar condições então consideradas presentes na Terra primitiva. Em 1953, Miller adicionou uma mistura de gases – metano, amônia, hidrogênio e vapor (sem oxigênio) – a um aparelho de vidro com uma faísca de eletricidade para simular raios. A solução final continha precursores orgânicos como cianeto de hidrogênio, aldeídos e aminoácidos simples, mas sem polímeros. Criar uma sopa diluída, ao que parece, não recria as condições necessárias para a produção de biomoléculas, pois isso requer uma tigela para manter os ingredientes da vida concentrados.

Berços de criação Em 1871, Darwin escreveu que esperava que os primeiros organismos tivessem aparecido "em algum lago pequeno e quente". Já foram sugeridos diversos locais onde a vida teria surgido; alguns argumentaram que ela começou em fontes geotérmicas quentes; outros que se

linha do tempo

Anos 1920	1953	1982
Teoria da sopa prebiótica proposta por Oparin e Haldane	O experimento de Miller-Urey produz moléculas orgânicas em laboratório	Primeira ribozima (molécula de RNA catalítico) é descoberta por Cech

desenvolveu dentro de poros em jangadas do tamanho de praias de pedras-pomes criadas por vulcões.

Muitos pesquisadores, no entanto, acreditam que a vida se originou debaixo d'água – em parte porque a Terra primitiva não tinha continentes substanciais e também porque a chuva teria diluído qualquer sopa em piscinas terrestres. A teoria principal atual para o berço da criação compreende fontes hidrotermais alcalinas similares àquelas encontradas ao longo da dorsal mesoatlântica, onde a água superaquecida rica em ferro e enxofre borbulha pelo fundo do mar e os minerais se precipitam para formar montes porosos de minerais. A água circundante pode atingir o ponto de ebulição, mas é fria o suficiente para conter um ecossistema. Segundo o geoquímico britânico Michael Russell, que propôs a teoria em 1997, as fendas fornecem dois requisitos para a vida – energia e materiais – em um único local.

Genética ou metabolismo? Ainda não há consenso sobre o primeiro passo no caminho da vida. Até meados do século XX, muitos cientistas pensavam que as proteínas eram material genético. Oparin e Haldane acreditavam que as proteínas codificavam instruções para produzir gotículas orgânicas chamadas "coacervados", que se replicavam após a assimilação de outras moléculas orgânicas por meio de um metabolismo primitivo. Oparin achava que a informação genética era o primeiro passo para a vida, enquanto Haldane acreditava que uma reação metabólica surgia primeiro. Hoje em dia, a maioria dos pesquisadores ainda se enquadra nesses dois campos: a genética primeiro ou o metabolismo primeiro.

Os desentendimentos se resumem a como a energia e os materiais são usados. Os pesquisadores que acreditam que a genética vem primeiro dizem que toda a vida se replica, então um sistema prebiótico precisa ter codificado as instruções para criar produtos, como enzimas, para ajudar a unir os materiais, permitindo que os genes se copiem. Já os pesquisadores que acreditam que o metabolismo vem primeiro argumentam que a vida é um processo que consome energia, então são necessárias reações metabólicas para aproveitar a energia e montar as moléculas.

Os partidários da genética em primeiro lugar perguntam: como os materiais são montados? Os proponentes do metabolismo em primeiro lugar perguntam: onde está a energia para montá-los? A hipótese da fonte hidrotermal é

1997
Russell sugere que o metabolismo se iniciou em fontes hidrotermais

2002
Moléculas de ribozimas autorreplicantes são criadas por Joyce

2004
Szostak produz protocélulas que ajudam a copiar RNA

Panspermia

De acordo com a hipótese da panspermia, as sementes da vida foram espalhadas pelo universo. Em 1903, o físico-químico Svante Arrhenius sugeriu que os microrganismos poderiam ter sido empurrados através do espaço pela radiação solar. O transporte sem proteção é improvável, já que o material genético seria destruído, mas a chegada com corpos interplanetários, como meteoritos, é teoricamente possível, já que dezenas de espécies terrestres conseguiram sobreviver a viagens ao espaço, incluindo bactérias e pequenos animais chamados tardígrados. A maioria das ideias é especulação ociosa: por exemplo, a hipótese da "panspermia dirigida" sugere intervenção deliberada por alienígenas, enquanto os astrônomos Fred Hoyle e Chandra Wickramasinghe sugeriram que alguns surtos de doenças vieram do espaço. A única hipótese baseada em evidências científicas é a "pseudopanspermia", na qual a vida é semeada por compostos orgânicos, e não por organismos inteiros. Análises químicas de objetos, como o meteorito Murchison, revelaram ácidos graxos, aminoácidos e bases nitrogenadas. Uma teoria é que muitos dos blocos construtores da vida chegaram durante o intenso bombardeio tardio, cerca de 4 bilhões de anos atrás, quando grandes asteroides atingiam regularmente a Terra.

um cenário de metabolismo em primeiro lugar: a água do mar é mais ácida que o fluido alcalino borbulhante de uma fonte, e isso cria um gradiente eletroquímico entre poros conectados em um monte de minerais, então íons de hidrogênio (H^+) em água ácida descem fluindo por um gradiente de concentração em direção ao interior da fonte. Assim como a pressão da água impulsiona as turbinas em uma hidrelétrica, esse gradiente gera energia que é capturada por moléculas entre os poros.

O mundo do RNA Os pesquisadores concordam, porém, que o primeiro sistema genético não era como o que conhecemos hoje. Células modernas armazenam instruções no DNA e usam proteínas como enzimas para realizar funções, como reações catalisadoras. No entanto, o fato de o DNA produzir proteína cria o paradoxo da galinha e do ovo. Uma pista, contudo, está no centro do ribossomo, a máquina molecular que as células usam para sintetizar proteínas, onde uma "ribozima" semelhante a uma enzima feita de RNA pode ser encontrada. Em 1982, o químico norte-americano Thomas Cech descobriu ribozimas que funcionam como RNA catalítico independente e, em 2002, o biólogo molecular Gerald Joyce produziu uma enzima RNA capaz de se copiar, permitindo crescimento exponencial e evolução autossustentável. Essas descobertas corroboravam uma proposta da década de 1960 dos cientistas britânicos Francis Crick e Leslie Orgel de que todos os sistemas prebióticos poderiam ter sido baseados no RNA – a chamada hipótese Leslie Orgel do "Mundo de RNA".

Então por que o RNA e não outra molécula? Uma pista surgiu em 2009 no trabalho dos químicos britânicos Matthew Powner e John Sutherland, que cozinharam uma sopa com condições "prebioticamente plausíveis". Quando expostos à radiação ultravioleta, os ingredientes da sopa foram convertidos em citosina e uracila, duas das quatro letras do RNA, o que sugere o primeiro sistema genético originado da evolução pela "seleção da luz solar".

"Antes da origem da vida, [as substâncias orgânicas] devem ter se acumulado até que os oceanos primitivos atingissem a consistência da sopa quente diluída."

J. B. S. Haldane

Protocélulas A célula é a unidade básica da vida, um compartimento que separa os genes e o metabolismo do ambiente. As células modernas são envolvidas por uma membrana fosfolipídica de dupla camada, mas as "protocélulas" primitivas provavelmente usavam uma bolha de ácidos graxos. Como gotas de óleo na água, os ácidos graxos se aglomeram e se autoarranjam em esferas. O biólogo canadense Jack Szostak vem estudando como o RNA autorreplicante afeta as protocélulas. Como as membranas deixam passar moléculas pequenas, os blocos construtores do RNA passam para uma bolha, depois se juntam e crescem até ficarem grandes demais para sair. Em 2004, Szostak descobriu que o líquido dentro de uma protocélula fica mais concentrado e a água acompanha por osmose, fazendo com que a bolha inche até explodir e os ácidos graxos precisem se recompor. A origem do crescimento e da divisão celulares pode, portanto, ser um resultado de forças físicas, impulsionadas pelo RNA autorreplicante.

Os cientistas podem preparar sopas prebióticas que recriem condições primitivas ou descobrir ecossistemas que se assemelham a processos básicos, mas ainda é possível que nunca saibamos exatamente como a vida começou. Seja lá qual for sua origem, em algum momento, as primeiras bolhas autorreplicantes deixaram o conforto de seus poros e se tornaram células de vida livre: os primeiros organismos.

A ideia condensada: A transição da química para a biologia

05 A árvore da vida

A história evolutiva é, com frequência, descrita como uma árvore, cujos ramos representam descendência de ancestrais comuns e suas raízes nas primeiras células. No entanto, as relações entre as espécies, e especialmente entre microrganismos, podem ser bastante complexas, sugerindo que talvez não seja possível representar toda a vida dessa maneira.

As primeiras células originaram-se de 3,5 a 4 bilhões de anos atrás, mas o fundador de toda a vida atual na Terra – o último ancestral comum universal, ou "Luca" (*last universal common ancestor*) – provavelmente se assemelhava às bactérias modernas ou *archaea*. Uma evidência é o sistema de código genético compartilhado por todos os organismos. A partir dessas raízes, no entanto, a árvore da vida se ramifica para todas as espécies vivas e mortas, uma poderosa metáfora da história evolucionária. Mas ela está correta?

"Ao questionar a doutrina da descendência comum, questiona-se necessariamente a árvore filogenética universal. Essa persuasiva imagem de árvore reside fundo em nossa representação da biologia."

Carl Woese

A escada da vida Às vezes, a evolução é erroneamente considerada uma escala de progresso das formas primitivas às formas perfeitas, sendo a humanidade o auge da criação. Essa ideia deriva de Aristóteles e da *scala naturae* ou "grande cadeia do ser". Por volta de 350 a.C., o filósofo grego organizou tudo – seres vivos e não vivos – em uma escada, com pedras na base e o homem no topo (a *Bíblia* mais tarde nos jogaria alguns degraus abaixo, colocando-nos sob Deus e os anjos). Aristóteles não era nem criacionista (quem acredita que a vida apareceu repentinamente), nem evolucionista (quem

linha do tempo

aprox. 350 a.C.
Aristóteles organiza tudo em escala da natureza ou escada da vida

1735
Animais e plantas são classificados em grupos de similaridade por Linnaeus

1859
A origem das espécies, de Darwin, inclui um esboço da árvore da vida

Transferência horizontal de genes

O material genético de um organismo pode às vezes ser assimilado no genoma de outro. Em 1928, o bacteriologista Frederick Griffith descobriu que o pneumococo passa de não virulento a mortal depois de absorver um "princípio transformador" (agora conhecido como DNA) de bactérias mortas. Essa "transferência horizontal de genes" é comum entre bactérias e vírus, mas rara em organismos multicelulares. A maioria dos casos conhecidos de transferência ocorre entre espécies intimamente associadas, tais como parceiros simbióticos ou um parasita e seu hospedeiro. Genes doados por bactérias e fungos acabaram originando vários animais "simples", inclusive esponjas do mar, insetos e vermes nematoides. Transferências para espécies de vertebrados são raras, mas o DNA é regularmente misturado entre genomas por vírus e outros elementos genéticos móveis. A engenharia genética é uma forma artificial de transferência horizontal de genes, e um temor quanto aos organismos geneticamente modificados na natureza é que seu DNA "estranho" possa ser transferido a outras espécies. Mas, enquanto essa for uma possibilidade remota, a raridade das transferências naturais sugere que os riscos são muito baixos.

crê que as espécies têm uma descendência comum). Na verdade, ele era um "eternalista", que pensava que tudo sempre existiu. Aristóteles também acreditava que a nova vida surgia da matéria não viva pela "geração espontânea", uma ideia baseada em observações de larvas emergindo da carne, por exemplo. A geração espontânea foi finalmente refutada em 1859 por Louis Pasteur.

As escadas permaneceram sendo a metáfora dominante por mais de dois milênios. Em 1735, o naturalista sueco Carl Linnaeus publicou seu *Systema Naturae*, no qual classificou os organismos usando nomes binomiais, indicando um gênero e uma espécie, como o *Homo sapiens*. Esse sistema estabeleceu o campo da taxonomia, agrupando organismos por características compartilhadas. Linnaeus também dividiu a natureza em animal, vegetal e mineral. As árvores da vida apareceram um século depois, sendo um famoso exemplo "A evolução do homem", de 1874: um grande carvalho desenhado pelo biólogo alemão Ernst Haeckel; essa "árvore", no entanto, ainda sugeria uma escada de progressão, com humanos na copa.

A árvore da vida O livro *A origem das espécies* contém uma única ilustração: uma árvore para representar "descendência com modificação" (evo-

1859
A geração espontânea de vida a partir de matéria não viva é refutada por Pasteur

1928
As bactérias de Griffith absorvem DNA como exemplo de transferência horizontal de genes

1977
Três domínios da vida são propostos por Woese

Árvore filogenética da vida

Os cientistas não concordam com uma única árvore da vida. Aqui os organismos foram agrupados em seis reinos (ramos), três domínios (maiúsculas) e dois impérios (procariontes e eucariontes). Luca, o último ancestral comum universal, foi o ancestral comum mais recente de toda a vida atual na Terra.

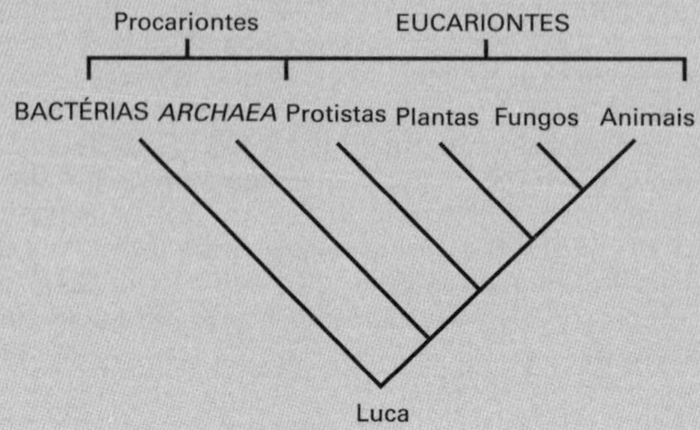

lução). Ela tem um formato de V, com linhas retas representando gerações ao longo do tempo (descendência) que se dividem em ramificações (modificação). As linhas que se estendem até a copa levam a grupos vivos; os demais estão extintos. A árvore de Darwin não tem anotações de espécies reais, mas os naturalistas logo começariam a criar árvores da história evolucionária. Embora Haeckel tenha representado a evolução humana como uma escada em seu grande carvalho, ele foi um dos primeiros convertidos à evolução darwiniana e, em 1866, descreveu a vida em três ramos paralelos: plantas, protistas e animais.

Então, como é possível reconstruir a árvore genealógica da vida? Os cientistas de hoje usam uma abordagem chamada cladística (do grego *klados*, ramo): se os grupos compartilham as mesmas características, infere-se que eles têm um ancestral comum; quanto mais recursos compartilham, mais estreitamente relacionados são. A cladística permite aos cientistas construírem uma árvore de filogenia ("origem das raças"). No caso de espécies extintas, as únicas características adequadas são reveladas pela análise de fósseis; para espécies vivas, no entanto, a informação genética pode ser comparada para identificar diferenças. Em meados da década de 1970, o microbiologista norte-americano Carl Woese fez isso com o RNA dos ribossomos, as máquinas produtoras de proteína da célula. Ele observou que um grupo de microrganismos (os metanogênicos) não possui um fragmento de RNA encontrado em todas as bactérias, indicando que é um grupo distinto. Woese propôs que a vida fosse dividida em três "superdomínios" (agora "domínios"): os eucariontes (organismos com um núcleo) e dois grupos de procariontes – *bacteria* e *archaea*.

Não há um consenso entre cientistas sobre a aparência de uma árvore filogenética universal. O sistema de três domínios é amplamente aceito, mas até o próximo nível inferior do nível taxonômico – reinos – muda. As estruturas de árvores dependem de quais características são comparadas, e os pesquisadores discordam de quais são as mais relevantes. A cladística também cria problemas para a taxonomia: em uma árvore filogenética, um ramo ou agrupamento propriamente "monofilético" deve conter todos os descendentes de um ancestral comum e nenhum outro organismo. Os ramos que ignoram essa regra são considerados "parafiléticos". Os répteis, por exemplo, são um grupo parafilético porque excluem as aves, mas, apesar de terem o sangue quente, os pássaros descendem dos dinossauros, que eram répteis. Então, os pássaros *são* répteis.

A teia da vida A descendência comum envolve a passagem de características de geração em geração pela transferência "vertical" de genes, mas um organismo às vezes pode adquirir material genético de fontes além de seus progenitores, a chamada "transferência horizontal de genes". Com base nessa troca fácil de genes, o bioquímico norte-americano W. Ford Doolittle afirmou, em 1999, que "a história da vida não pode ser adequadamente representada como uma árvore". A transferência horizontal de genes é relativamente rara em eucariontes multicelulares, mas o fenômeno parece ser comum entre procariontes: em 2008, por exemplo, o biólogo israelense-alemão Tal Dagan descobriu que, em 181 espécies procarióticas, mais de 80% dos genes já haviam se envolvido em transferência horizontal. Portanto, ao menos para os procariontes, a história evolutiva se assemelha a uma teia.

Então, não existe *a* árvore da vida? Depende do que um ramo representa. Os desenhos de Darwin levaram a "árvores de espécies" baseadas em anatomia, mas o DNA permite que os biólogos modernos construam "árvores genéticas". Se um ramo representa um genoma herdado através da evolução vertical, a história da vida tem uma forma de árvore grosseira: o tronco tem os três domínios (eucariontes, bactérias e *archaea*) que correm para a base na origem da vida, enquanto os galhos de transferência horizontal de genes conectam ramos para formar uma teia entre os procariontes. E, se as primeiras células fossem parecidas com procariontes, é possível que nosso último ancestral comum universal não tenha sido uma única espécie, mas uma comunidade diversificada de microrganismos que trocam genes.

A ideia condensada: A história evolutiva nem sempre é uma simples árvore

06 Sexo

Os pássaros fazem. As abelhas fazem. Até leveduras unicelulares fazem. Mas os biólogos não entendem por quê. A maioria dos organismos complexos ainda prefere a reprodução sexual (apesar de ser uma maneira mais dispendiosa de usar recursos para se replicar) a um estilo de vida assexuado. Então, por que o sexo é tão popular?

Quando assistimos a relações sexuais em um documentário da vida selvagem ou no zoológico, o ato é muitas vezes inconfundível, mesmo em espécies desconhecidas. A reprodução sexual, no entanto, é difícil de definir. De forma simplificada, é a combinação de genes de diferentes indivíduos, o que deixa os microbiologistas felizes, pois significa que as bactérias conseguem fazer sexo, pegando DNA umas das outras, dos vírus e de seus arredores. No entanto, muitos cientistas preferem uma definição mais restrita: o sexo é a união de dois gametas, cada um carregando metade do genoma. Se as células do gameta são do mesmo tamanho, então são diferentes os "tipos de acasalamento", como o da levedura, mas, de forma geral, os pequenos gametas são espermatozoides e as células maiores são óvulos.

Formar gametas envolve a meiose, a divisão celular que troca o DNA entre cromossomos pareados (recombinação, ver capítulo 8), antes de separar esses pares em duas células. Dois gametas fundem-se por meio da fertilização, e o sexo ou gênero de um indivíduo (masculino ou feminino) não se baseia nos órgãos reprodutivos, mas no fato de eles produzirem espermatozoides ou óvulos.

Custos A coisa mais estranha sobre sexo não é *como* acontece, mas por quê. Se pensarmos sobre isso, a reprodução assexuada deveria ser mais comum. Considere uma população humana na qual cada casal produza dois filhos, em média um menino e uma menina. Agora imagine que uma mutação faça com que uma fêmea produza apenas filhas que se reproduzam da mesma maneira. Essas mães assexuadas têm o dobro da taxa reprodutiva e dobrariam cada geração, por fim expulsando todo mundo, levando à extin-

linha do tempo

1887
A reprodução sexual cria variação para a seleção natural, segundo Weismann

1930
Fisher propõe que a recombinação de cromossomos reúne boas mutações

1964
Muller sugere que a recombinação previne um acúmulo (catraca) de mutações ruins

Custo duplo dos machos

Os quadrados representam os machos, e os círculos são as fêmeas. Com a reprodução sexuada (esquerda), supondo que cada indivíduo produza duas crias – um filho e uma filha –, então a população permanece com um tamanho constante. Com a reprodução assexuada (direita), o número de mães assexuadas aumenta rapidamente para superar os indivíduos sexuais. Os machos não conseguem se reproduzir sozinhos, então produzi-los é um desperdício de recursos.

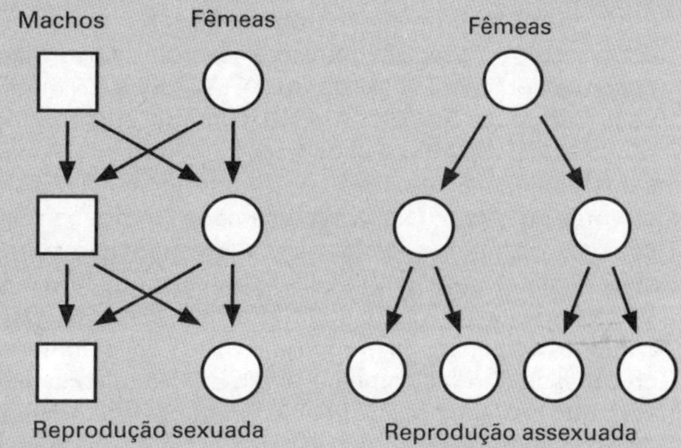

ção de indivíduos sexuais, inclusive de todos os machos. Essa desvantagem – fêmeas sexuais que produzem metade do número de filhos – é conhecida como o "custo duplo do sexo".

O custo duplo foi proposto pelo biólogo norte-americano George Williams em seu livro *Sex and Evolution*, de 1975. Williams alegava que é um "custo de meiose", porque cada progenitor contribui apenas com metade de seus genes para um gameta. Então, em 1978, o cientista britânico John Maynard Smith publicou *A evolução do sexo*, no qual dizia que o custo é um "custo dos machos", que não podem se reproduzir sozinhos. Mais recentemente, Jussi Lehtonen, Michael Jennions e Hanna Kokko argumentaram que o custo é influenciado pela economia do investimento parental: assexuais competem com indivíduos sexuados porque não desperdiçam recursos produzindo machos, que gastam quase nada com espermatozoides enquanto as fêmeas produzem óvulos grandes. Em um artigo de 2012, "The Many Costs of Sex" [Os vários custos do sexo, em português], os três ecologistas evolucionistas também apontam que o custo não é duplo, pois investir em prole não é apenas produzir gametas.

1975
A relação custo duplo do sexo *versus* reprodução assexuada é proposta por Williams

1978
Maynard Smith sugere que o sexo não supera o custo de não se produzir machos

1978-80
Teoria da resistência a parasitas em favor do sexo é proposta por Jaenike e Hamilton

Cromossomos e gênero

O gênero de um organismo é frequentemente determinado por cromossomos pareados. A maioria dos mamíferos tem X e Y, fêmeas XX e machos XY. O cromossomo Y tem um gene que controla se os órgãos reprodutivos masculinos se desenvolverão, então herdar um X (XO) leva à feminilidade. As drosófilas também usam um sistema XX/XY, mas em um mecanismo diferente: o sexo é determinado pela razão de X para autossomos (cromossomos não sexuais). As aves usam um sistema semelhante, mas oposto ao dos mamíferos, ZW/ZZ, com fêmeas tendo diferentes cromossomos sexuais. A evolução dos cromossomos sexuais é impulsionada por conflitos de interesse entre os sexos: um macho quer que a fêmea invista todos os seus recursos para gerar descendentes, o que leva a genes sexualmente antagônicos que beneficiam um sexo em detrimento do outro. Os sexos compartilham o mesmo conjunto de genes, de modo que esses genes aparecem inicialmente no mesmo cromossomo, mas, como sugerido por Ronald Fisher em 1931, a seleção natural faz com que os genes masculinos e femininos fiquem ligados no mesmo cromossomo. Com o tempo, menos cruzamentos entre pares criam diferentes cromossomos.

Benefícios Para manter o sexo em uma população, suas vantagens devem superar os custos de ser superado por fêmeas assexuadas. Em 1887, o zoólogo alemão August Weismann disse que a reprodução sexual "pode ser considerada uma fonte de variabilidade individual, fornecendo material para a operação da seleção natural". Os geneticistas revelaram mais tarde que a variabilidade é gerada por mutação e recombinação – o cruzamento de material genético entre pares de cromossomos maternos e paternos para criar novas combinações de genes.

Em 1930, o geneticista britânico Ronald Fisher propôs que o sexo pode reunir mutações benéficas de diferentes progenitores por meio da recombinação. O geneticista norte-americano Hermann Muller teve uma ideia semelhante em 1932 e, em 1964, sugeriu que o sexo também impede que as más mutações se acumulem no DNA ao longo do tempo. Sem recombinação, a "catraca de Muller" pode até mesmo levar uma espécie à extinção.

Uma teoria de por que o sexo é mantido é que ele oferece o benefício da interferência, baseada na hipótese de Fisher-Muller. A recombinação separa os genes ligados – digamos, no mesmo cromossomo – para que a natureza possa detectar seus efeitos individuais. Se os genes ligados não puderem ser separados, uma mutação em um gene – o que tiver maior impacto na capacidade de um organismo – ofuscaria uma mutação para outro. Simplificando: o primeiro gene "interfere" na capacidade da seleção natural de atuar no segundo gene. Esse efeito é interrompido pelo cruzamento cromossômico, tornando a seleção mais efetiva para que as espécies possam se adaptar. Porém, essa teoria apresenta problemas; por exemplo, a recombinação não apenas une bons genes, mas também os separa.

Outra teoria dominante sobre sexo é a do benefício da resistência a parasitas. Em 1978, John Jaenike alegou que o sexo cria combinações raras de genes que poderiam permitir que seus portadores resistissem a parasitas que vitimam hospedeiros com variações genéticas mais comuns. Vários estudos de campo corroboram a teoria da resistência a parasitas; por exemplo, um caramujo aquático da Nova Zelândia (*Potamopyrgus antipodarum*) tem populações mistas de indivíduos sexuais e fêmeas assexuadas que produzem filhas por partenogênese ou "nascimento virginal". Em 2009, Jukka Jokela, Mark Dybdahl e Curtis Lively descobriram que os clones assexuais, que eram comuns nos anos 1990, tornaram-se mais suscetíveis a vermes e diminuíram em número em menos de uma década.

"A reprodução sexual não tem suficientes consequências geneticamente favoráveis a curto prazo para contrabalançar a dupla vantagem de não se produzir machos."

John Maynard Smith

Embora um punhado de répteis, anfíbios e peixes também lance mão da partenogênese, o sexo é a forma dominante de reprodução na vida complexa. Estima-se que 99,9% das espécies de animais e plantas floríferas o façam, sugerindo que, quaisquer que sejam as razões para a reprodução sexual, os benefícios superam os custos.

A ideia condensada: A reprodução sexual cria novas combinações de genes

07 Hereditariedade

As características são passadas de geração em geração de acordo com princípios comuns que se aplicam a tudo, desde plantas até pessoas. A descoberta dessas leis de herança revelou que a informação é transmitida como partículas distintas, unidades de hereditariedade que agora chamamos de genes.

Darwin tinha razão em muitas coisas, mas, como qualquer bom cientista, prontamente admitiu lacunas em seu conhecimento; ele não entendia, por exemplo, como as características eram repassadas de pais para filhos. Por que alguns traços pulam uma geração, fazendo com que um indivíduo se pareça mais com um avô do que com um dos pais? Como Darwin escreveu em 1859: "As leis que governam a hereditariedade são completamente desconhecidas". Quase todos os naturalistas da época, inclusive Darwin, acreditavam que as características de um filho – como a cor da pele ou da pelagem – eram uma mistura das características de seus pais.

Gregor Mendel, monge tcheco nascido no Império Austro-Húngaro, provou, em 1865, que a teoria da herança combinada estava errada. Durante duas reuniões da Sociedade de História Natural de Brno, Mendel apresentou os resultados de um experimento de oito anos de reprodução com plantas de ervilha. Ele e seus assistentes usaram pincéis para transferir cuidadosamente o pólen das flores de uma planta para outra (fecundação cruzada) ou para o mesmo indivíduo (autofecundação).

Mendel estudou sete características: altura da planta, cor e posição da flor, formato e cor da ervilha e formato e cor da vagem. Os primeiros anos foram de autofecundação das plantas até que elas exibissem as mesmas características a cada geração. Essas linhagens puras foram cruzadas para criar híbridos, que foram então cruzados um com o outro, e Mendel observou o número de descendentes com cada característica em cada etapa – observações que formam a base dos princípios que explicam como a informação biológica é herdada.

linha do tempo

1865
Leis de herança são apresentadas por Mendel; unidades hereditárias são reconhecidas como partículas distintas

1868
Darwin propõe hipóteses de pangênese para transmissão de informação biológica

1883
Teoria da hereditariedade do plasma germinativo é descrita por Weismann; evidência contra a pangênese é levantada

As leis de herança Quando Mendel cruzou plantas de linhagem pura com características diferentes, os descendentes se assemelharam a um dos pais, não a uma mistura dos dois. Cruzar plantas com ervilhas redondas e aquelas com ervilhas enrugadas nunca produziria ervilhas semienrugadas. De fato, os descendentes herdariam um traço, mas não o outro. Cruzar redondas com as enrugadas sempre produzia ervilhas redondas. Mendel percebeu que um dos dois traços dominava, um relacionamento que ele representava usando letras maiúsculas e minúsculas. Para o formato da ervilha, o traço redondo "R" é "dominante" e o enrugado "r" é "recessivo".

Os híbridos de primeira geração (F_1) criados ao se cruzar plantas de linhagem pura exibiam apenas características dominantes, como ervilhas redondas. No entanto, depois que Mendel cruzou os híbridos F_1 um com o outro, alguns dos híbridos de segunda geração (F_2) recuperaram a característica recessiva de seus avós originais de linhagem pura. Mendel concluiu que cada característica é determinada por "elementos" que vêm em pares, um de cada progenitor, e são separados antes de serem transmitidos à próxima geração. Este é o primeiro princípio da herança: a lei da segregação.

Depois de contar o número de híbridos F_2 que exibiam cada característica, Mendel descobriu que a proporção de plantas com características dominantes *versus* traços recessivos era sempre de 3 para 1, o que pode ser explicado por elementos por trás de uma característica herdada em pares: os quatro pares possíveis na geração F_2 são "RR", "Rr", "Rr" e "rr", três quartos dos

Experimento das ervilhas de Mendel

Depois de cruzar plantas de linhagem pura com ervilhas redondas e plantas com ervilhas enrugadas, toda a prole tinha ervilhas redondas, de modo que o traço redondo era dominante. Depois de cruzar híbridos de primeira geração (F1) um com o outro, algumas plantas de segunda geração (F2) recuperaram o traço recessivo enrugado. Isso revelou que os genes que controlam características são herdados como unidades distintas.

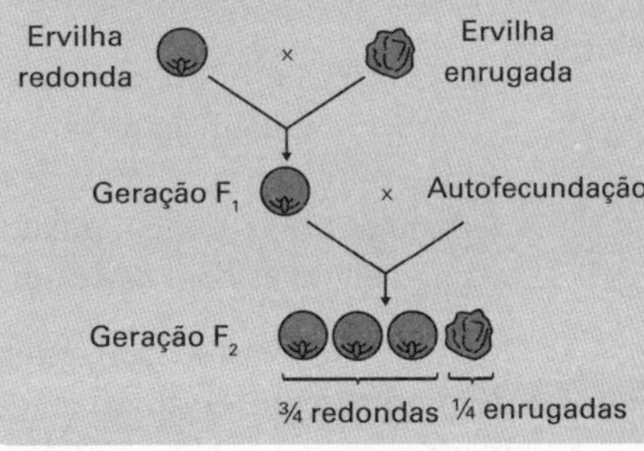

1900
Experimentos de Mendel com plantas de ervilha são redescobertos por botânicos europeus

1905
Cientistas britânicos mostram que unidades hereditárias podem romper as leis da herança

1909
Johannsen usa "gene" para descrever as unidades hereditárias que especificam características

Herança mendeliana em humanos

Traços que seguem as leis de herança de Mendel, determinadas por um único gene com alelos dominantes e recessivos, são relativamente raros. Em humanos, características como a cor dos olhos e a capacidade de enrolar a língua já foram consideradas mendelianas, mas agora são conhecidas por serem causadas por múltiplos genes. Uma das poucas características mendelianas é a cera de ouvido: o alelo que controla o traço da cera de ouvido úmida é dominante em relação à seca, o que ocorre em pessoas com dois alelos recessivos, uma mutação mais comum em populações asiáticas. Outro traço mendeliano é o distúrbio genético da fibrose cística, acúmulo excessivo de muco nos pulmões e no sistema digestório causado por uma mutação recessiva no gene CFTR. Os distúrbios mendelianos também podem ser causados por mutações dominantes, como na doença de Huntington, um distúrbio neurodegenerativo que resulta de uma cópia defeituosa do gene; as pessoas vão sofrer do distúrbio mesmo que o outro alelo seja normal.

quais carregam o "R" dominante. Embora as plantas "Rr" tenham ervilhas redondas, também carregam o elemento "r"; portanto, se cruzadas umas com as outras, o par "rr" pode reaparecer em seus descendentes. Isso explica por que os traços podem pular uma geração; assim, temos características que se parecem mais com as de um avô do que com as de um dos pais.

Mendel também estudou combinações de características, como cruzamento de plantas com ervilhas verdes e redondas (ambos traços dominantes) e plantas com ervilhas amarelas e enrugadas (ambos recessivos). Esses cruzamentos não só produziram descendentes que se assemelhavam a seus pais como também criaram híbridos com novas combinações de traços, como ervilhas verdes e enrugadas e ervilhas amarelas e redondas. Esse fato sugeriu que, quando os elementos por trás de um traço se separam, os elementos de cada característica permanecem separados também. Este é o segundo princípio da herança: a lei da segregação independente.

Genes Os "elementos" que determinam uma característica agora são chamados de genes, e as variações por trás das diferentes características são denominados alelos. A combinação de pares de alelos define o genótipo de um indivíduo – duas cópias do mesmo alelo ("RR"/"rr") são consideradas genótipos homozigóticos; variantes diferentes ("Rr") são heterozigóticos. Os resultados da atividade genética são exibidos no fenótipo. Em vez da variação contínua prevista pela mistura, os experimentos de Mendel provaram que as unidades de hereditariedade são partículas distintas que não se misturam. Hoje, conhecemos essas unidades como "genes", termo cunhado em 1909 pelo botânico dinamarquês Wilhelm Johannsen.

Rompendo as leis O trabalho de Mendel passou em grande parte despercebido, até ser redescoberto em 1900. No entanto, quando biólogos replicaram os experimentos do monge, descobriram que, enquanto suas sete características produziam os mesmos resultados, outras exibiam herança que se desviava das leis de Mendel. Por exemplo, em 1905, os geneticistas britânicos William Bateson, Edith Rebecca Saunders e Reginald Punnett cruzaram plantas de ervilha de linhagem pura de flores roxas e longos grãos de pólen com plantas de flores vermelhas e grãos redondos. As características púrpura e longa são dominantes, então apenas um em dezesseis híbridos de segunda geração (F_2) deveria ter tido flores vermelhas com grãos redondos, mas houve três vezes mais do que o esperado.

"É necessário, de fato, um tanto de coragem para empreender um trabalho de tão longo alcance... cuja importância não pode ser superestimada em conexão com a história da evolução das formas orgânicas."

Gregor Mendel

O trio britânico sugeriu que a cor da flor e o formato do pólen estavam de alguma forma acoplados, o que explicaria por que certas combinações de características tendem a permanecer juntas por sucessivas gerações. O estudo da recombinação revelaria mais tarde que os traços estão acoplados porque os genes estão fisicamente ligados no mesmo cromossomo. Os geneticistas encontraram numerosas exceções às leis de Mendel, incluindo alelos codominantes e fenótipos complexos determinados por múltiplos genes. Seja deliberadamente ou por sorte, os sete traços de Mendel obedeciam às leis de herança, mas outros não. No entanto, enquanto simples características "mendelianas" são raras, as leis da herança ainda explicam o mecanismo subjacente por trás da transmissão da informação biológica.

A ideia condensada: As características são herdadas como unidades distintas chamadas genes

08 Recombinação

Os genes não são passados às gerações seguintes como partículas distintas, mas organizados em uma ordem linear ao longo dos cromossomos. Isso não explica apenas por que as características podem ser herdadas em conjunto, mas também permite que os descendentes herdem novas combinações de genes de seus pais pelo processo de rearranjo da recombinação genética.

Podemos rastrear o início da biologia como ciência moderna até chegar a um homem, um laboratório e uma data: o geneticista norte-americano Thomas Hunt Morgan e a "Sala da Mosca" na Universidade Columbia, em abril de 1910. Morgan queria analisar como os traços hereditários influenciavam o desenvolvimento animal e precisava de uma espécie que se reproduzisse rápida e regularmente. Sua busca levou-o à drosófila (*Drosophila melanogaster*), que produz uma nova geração a cada doze dias. Em um laboratório apertado e com forte cheiro de banana, Morgan e seus alunos revelariam princípios de herança que Gregor Mendel não havia percebido, enquanto provavam que os genes estão localizados em estruturas físicas: os cromossomos.

Cromossomos Enquanto os procariontes, como as bactérias, carregam um único cromossomo circular e estruturas extras chamadas plasmídeos, os eucariontes, organismos cujas células contêm um núcleo, usam filamentos lineares. O zoólogo norte-americano Theophilus Painter contou cromossomos humanos sob um microscópio em 1923 e afirmou que temos 48 no total. Então, em 1956, Joe Hin Tjio e Albert Levan corrigiram esse número para 46: um par de cromossomos sexuais (geralmente XX/XY) mais 22 pares de "autossomos". Os seres humanos e as drosófilas são diploides, com pares correspondentes de cada progenitor, mas algumas espécies são poliploides, com múltiplos conjuntos, e outras são haploides, com um único conjunto.

Cromossomos, estruturas feitas de DNA e proteínas, foram observados em 1878 por Walther Flemming, que rastreou seus movimentos durante a divi-

linha do tempo

1878
Flemming observa cromossomos e sua separação durante a divisão celular

1902
Boveri e Sutton propõem que cromossomos são estruturas físicas de hereditariedade

1910
Morgan prova que genes estão nos cromossomos, o que permite a ligação e o cruzamento

Mapas genéticos

Como se identifica a localização dos genes em um cromossomo? Alfred Sturtevant, um dos alunos de Morgan, desenvolveu um método baseado no modo como a recombinação afeta a estatística da hereditariedade: se dois genes estiverem próximos um do outro, existe uma chance quase nula de cruzamentos entre eles; se dois genes estiverem distantes, há uma chance de 50% de que fiquem separados. Esse método reflete-se na combinação de novas características: se uma combinação é sempre herdada em conjunto, sua "frequência de recombinação" é zero; se metade dos descendentes tiver uma nova combinação que se diferencie da dos pais, então a frequência é de 50%. Usando frequências de recombinação para qualquer par de características, Sturtevant foi capaz de calcular a distância relativa entre qualquer par de genes. Ele nomeou as unidades de distância – o centimorgan – em homenagem a seu mentor e as usou para registrar os cromossomos da drosófila com a localização de qualquer traço genético com um efeito fenotípico observável.

são celular. A possibilidade de que os cromossomos carregavam genes foi proposta de forma independente pelo biólogo alemão Theodor Boveri e pelo geneticista e cirurgião norte-americano Walter Sutton. Boveri observou que os embriões de ouriço-do-mar precisavam de cromossomos para se desenvolverem normalmente. Sutton rastreou como as estruturas se comportavam nas células do gafanhoto e sugeriu que o espermatozoide e o óvulo carregam pares de cromossomos que sofrem "divisão redutora" (meiose, ver capítulo 20), que é o que permite a um embrião terminar com pares. O estudo de Sutton de 1902 conclui que "a associação dos cromossomos paterno e materno aos pares e sua subsequente separação durante a divisão redutora [...] podem constituir a base física da lei mendeliana da hereditariedade".

Genes vinculados Durante seus estudos com a drosófila, Morgan esperava encontrar insetos que tivessem sofrido uma mudança repentina – uma mutação –, mas seus primeiros dois anos se mostraram infrutíferos. Então, em 1910, ele encontrou um exemplar macho com olhos brancos em vez de vermelhos como habitualmente. Quando esse mutante foi cruzado com fêmeas de olhos vermelhos, todos os descendentes vieram com olhos vermelhos. Isso sugeria que o alelo vermelho era dominante e que o branco era recessivo, obedecendo às leis de herança de Mendel. Quando Morgan continuou cruzando a prole de olhos vermelhos, a segunda geração também

1913
Frequência de recombinação é usada por Sturtevant para criar mapas genéticos

1931
Creighton e McClintock observam cruzamento físico entre cromossomos

1964
Robin Holliday propõe o cruzamento como junções bioquímicas no DNA

teve a proporção mendeliana esperada de 3 para 1 para traços dominantes em relação a recessivos, mas com uma diferença importante: alguns machos tinham olhos brancos, mas não as fêmeas.

Cruzamento

Os genes estão localizados nos cromossomos. Thomas Hunt Morgan comparou essa estrutura física a contas em um colar. A recombinação é o resultado de cruzamentos entre um par de cromossomos ao passo que cria células reprodutivas, separando combinações de traços parentais.

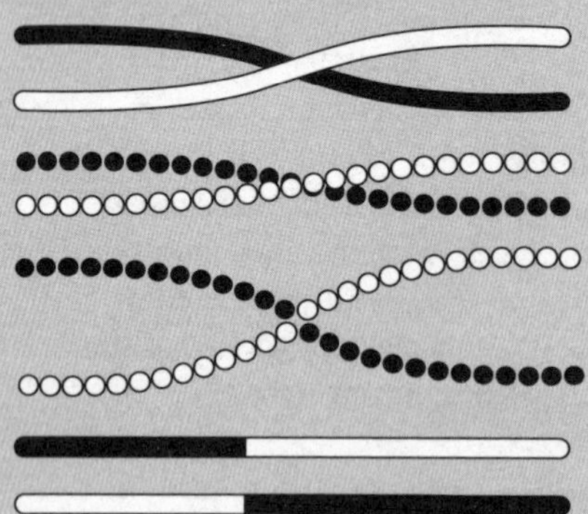

Morgan percebeu que a cor dos olhos estava ligada ao sexo, que é determinado pelos cromossomos. As drosófilas são diploides, com pares de cromossomos paternos e maternos: os machos são XX, as fêmeas são XY, com três pares de autossomos cada. Com base nos padrões de hereditariedade, Morgan mostrou que as fêmeas só teriam olhos brancos se herdassem a característica de ambos os pais, então o gene da cor dos olhos deve estar ligado ao cromossomo X. De forma geral, esse fato sugeriu que os genes estão localizados em uma estrutura física: a teoria cromossômica da hereditariedade.

Ao estudar características como a cor dos olhos, Morgan e seus alunos descobriram que muitos indivíduos mostram um padrão distorcido de hereditariedade, mais bem explicado pelos genes que estão nos cromossomos: os genes podem estar fisicamente ligados. Se dois genes estão próximos um do outro, há uma boa chance de que sejam herdados em conjunto. Se os genes estão em extremidades opostas de um cromossomo (ou em diferentes cromossomos), é mais provável que eles se separem e sigam a lei de Mendel de segregação independente. E, quando os genes estão separados, podem criar novas combinações de características que não existiam nos progenitores: a recombinação.

Cruzamento A recombinação ocorre devido a um cruzamento físico entre pares de cromossomos similares "homólogos". Durante a meiose, antes de um espermatozoide ou um óvulo dividir seus pares de material genético pela metade, os cromossomos homólogos se alinham lado a lado. Em alguns pontos ao longo do comprimento de suas estruturas, eles entram em contato, trocando material genético antes de se separarem. Em 1931, as geneticistas norte-americanas Harriet Creighton e Barbara McClintock observaram o cruzamento ao microscópio, durante a meiose em plantas de milho, e descobriram que ele correspondia à recombinação de características genéticas.

A recombinação cria diversidade genética entre gerações. Seus pais herdaram genes de seus pais, mas essa informação não foi deixada intacta antes de chegar a você: quando seus pais produziram espermatozoides ou óvulos, trechos correspondentes de DNA homólogo de seus avós foram trocados para criar uma combinação única e aleatória de traços.

“O fato de os aspectos fundamentais da hereditariedade se revelarem tão extraordinariamente simples corroboram nossa esperança de que a natureza possa, afinal, ser inteiramente acessível.”

Thomas Hunt Morgan

Morgan visualizou o processo comparando genes em cromossomos com contas em um colar, mas na verdade o cruzamento é uma reação bioquímica que envolve um cortar e colar de DNA. Os cromossomos consistem em dois filamentos de DNA que, quando cortados, crescem ou substituem um ao outro em uma “junção de Holliday” em forma de cruz. As cadeias são complementares; assim, a recombinação homóloga também permite que as células usem um filamento como modelo ao reparar as quebras nos cromossomos.

Os avanços que começaram na Sala da Mosca da Universidade Columbia foram reconhecidos pela comunidade científica em 1933, quando Morgan ganhou o Prêmio Nobel de Fisiologia ou Medicina. Além de mostrar que um conceito abstrato, os genes, tinha uma forma física, o uso de estatísticas pela Sala da Mosca ajudou a transformar a biologia de um campo que dependia amplamente da descrição de recursos em uma ciência experimental que poderia se equiparar com a química e a física.

A ideia condensada: Estruturas físicas podem trocar informações genéticas

09 Mutação

Variedade não é apenas o tempero da vida, mas é o principal ingrediente da natureza. A fonte dessa variedade é a mutação genética e, prejudiciais ou benéficas, as mudanças no DNA geram a maior parte da variação que passa pela peneira evolutiva da seleção natural.

O processo de evolução foi amplamente aceito pelos naturalistas depois que Darwin publicou *A origem das espécies* em 1859. Mas, enquanto muitos acreditavam que o livro defendia de forma convincente a "descendência com modificação", muitos também duvidavam do mecanismo de Darwin quanto à força motriz: a seleção natural. Como resultado, várias teorias concorrentes foram apresentadas entre as décadas de 1880 e 1930, um período conhecido como "o eclipse do darwinismo".

Uma alternativa era a teoria da mutação, defendida pelo botânico holandês Hugo de Vries, que ajudou a redescobrir os experimentos de Mendel com plantas de ervilha. Depois de mais de treze anos reproduzindo a prímula, De Vries descobriu inúmeras variações que diferiam dos pais de linhagem pura, na medida em que pareciam ser precursores de novas espécies. Em vez de um processo gradual de mudança por meio da seleção natural, De Vries sugeriu que as espécies se originaram em saltos repentinos, ou "mutações". Estudos posteriores encontraram cromossomos rearranjados em suas plantas mutantes, mas, no início dos anos 1900, a causa de mutações não era conhecida.

Variação genética A palavra "mutação" associou-se a mudanças genéticas depois que o biólogo norte-americano Thomas Hunt Morgan provou, em 1910, que os genes estavam localizados nos cromossomos. O progresso inicial na pesquisa genética foi lento porque mutações naturais raramente eram encontradas. Esse ponto crítico foi superado por Hermann Muller, ex-aluno de Morgan, o primeiro geneticista a induzir mutações artificialmente. Em 1927, Muller criou mais de cem mutantes, expondo os espermatozoides das moscas a doses elevadas de raios X, que recriaram mutantes

linha do tempo

1901
De Vries propõe a teoria da mutação da evolução para a criação de espécies

1910
A mutação natural permite que Morgan mostre os genes localizados nos cromossomos

1927
Muller demonstra que os raios X podem induzir mutações artificialmente

naturais como as drosófilas de olhos brancos de Morgan, bem como outras moscas com novos fenótipos. Muller notou que os mutantes tinham rearranjos na ordem linear dos genes nos cromossomos e, embora a radiação fosse frequentemente letal ou causasse esterilidade, muitos sobreviventes transmitiram mutações a gerações subsequentes.

A evolução foi claramente alimentada pela variação genética e, nos anos 1930, uma grande questão ainda restava: a mutação ocorreu antes ou depois da seleção natural? Em princípio, a seleção poderia atuar sobre mutações preexistentes ou induzir um organismo a sofrer mutações. Em 1943, essas alternativas foram testadas pelos biólogos Salvador Luria e Max Delbrück (ver box), que concluíram que as mutações ocorrem aleatoriamente ao longo do tempo, não em resposta à seleção natural.

Experimento de Luria-Delbrück

A seleção natural age sobre mutações preexistentes ou induz um organismo a sofrer mutações? Se mutações acontecem de antemão, colônias de bactérias resistentes a vírus (pretas) deveriam ser distribuídas aleatoriamente. Se as mutações ocorrerem depois, a resistência será mais desigual. O teste de Salvador Luria e Max Delbrück sugeriu que as mutações são espontâneas.

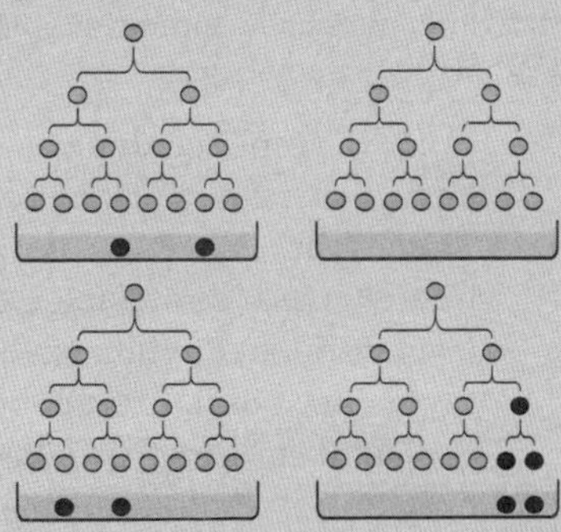

Mudanças de DNA As mutações genéticas têm uma diferença importante do dano ao DNA: a estabilidade relativa permite que elas sejam herdadas. Essas alterações no DNA podem ser grandes ou pequenas. Os rearranjos observados nas plantas de prímulas de De Vries e nas drosófilas de Morgan foram mutações cromossômicas, resultado de inverter ou mover pedaços de DNA (inversões e translocações) para outro cromossomo. Uma região de um cromossomo também pode ser excluída ou duplicada, talvez levando a uma "variação no número de cópias", que reduz ou aumenta o número de genes e, por sua vez, diminui ou aumenta os níveis de proteína.

Mudar uma única letra do DNA resulta em uma "mutação pontual". Embora pequenas, essas mutações podem ter um grande efeito se atingirem um gene.

1942
Auerbach e Robson induzem quimicamente mutações usando gás mostarda

1943
O experimento de Luria e Delbrück sugere que a seleção natural não induz a mutação

1947
Os machos contribuem com mais mutações evolutivas do que as fêmeas, de acordo com Haldane

Taxas de mutação humana

O quanto são comuns as novas mutações? Ao comparar sequências de DNA de membros de uma família, os geneticistas descobriram que a taxa de mutação pontual é de 0,000000012 por base por geração, ou uma em cada 83 milhões de letras. Dado que o genoma humano tem mais de 3 bilhões de letras, isso significa que se herdam cerca de quarenta novas mutações além da combinação única de cromossomos dos progenitores. As mutações só podem ser herdadas se ocorrerem em espermatozoides ou óvulos – a "linha germinativa" –, e não em células do corpo de tecido somático. (É por isso que a hipermutação somática, as alterações de DNA nos genes de anticorpos que permitem a imunidade adquirida, não passam de pais para filhos.) Em 1947, o biólogo britânico J. B. S. Haldane propôs que os machos contribuem com mais mutações para a evolução do que as fêmeas, conhecidas como mutações com tendência masculina. Existem três a quatro vezes mais mutações na linha germinativa masculina porque as células espermáticas se dividem continuamente nos homens, introduzindo mutações durante a replicação do DNA.

O código genético dita que os genes são lidos em grelhas de palavras de três letras; portanto, adicionar ou remover uma ou duas bases cria uma mutação "frameshift" (alteração de grelha) que transforma instruções em palavras ininteligíveis, da mesma forma que remover a primeira letra de "morcego mata minhoca" resulta em "-orcego -ata -inhoca". Quando uma base é substituída por outra, isso também pode introduzir uma mutação "sem sentido" que significa "parar" no código genético ou alterar uma "parada" em um aminoácido, resultando em uma proteína anormalmente alongada.

Substituições de letra única também podem alterar a tradução de uma palavra genética e produzir o aminoácido errado. Uma dessas mutações "sem sentido" ocorre em um gene humano para a hemoglobina: ela substitui uma molécula que odeia água por uma que adora água e faz com que as proteínas se juntem e que os glóbulos vermelhos, normalmente em forma de disco, se curvem para causar uma anemia de células falciformes (em forma de foice). Essa condição é prejudicial se você tiver duas cópias do gene mutante, pois as células deformadas são menos capazes de transportar oxigênio e coagular vasos sanguíneos, potencialmente obstruindo os tecidos e levando a um ataque cardíaco ou derrame. Mas a doença também pode ser útil no ambiente certo: carregar apenas um gene mutante protege as pessoas da malária, cujo parasita tem problemas para infectar células falciformes, de modo que a mutação é favorecida pela seleção natural em populações com malária endêmica.

Agentes mutagênicos Mutações espontâneas podem ser desencadeadas por fontes físicas, químicas ou biológicas, sendo uma das mais comuns o calor. Outra é a luz ultravioleta, que altera as letras de C para T e produz pequenas protuberâncias na dupla-hélice.

O maquinário de reparo de DNA em células epidérmicas pode corrigir essas mutações, mas pessoas com xeroderma pigmentoso, uma doença rara de genes de reparo defeituosos, têm 100% de chance de desenvolver câncer de pele, a menos que fiquem em ambientes fechados. Agentes mutagênicos naturais, como espécies reativas ao oxigênio ("radicais livres"), são produzidos e absorvidos por processos celulares normais para prevenir danos no DNA. Substâncias que provocam câncer (carcinógenos) são agentes mutagênicos químicos bem conhecidos, e o primeiro agente mutagênico artificial a ser descoberto foi o gás mostarda, a arma química usada na Primeira Guerra Mundial que tinha propriedades mutagênicas descobertas pelos geneticistas Charlotte Auerbach e J. M. Robson em 1942.

> **"Mutações genéticas formam a base principal da evolução orgânica e, portanto, da maioria das complexidades dos seres vivos."**
>
> **Hermann Muller**

Para a evolução, as mutações mais significativas são criadas por organismos e parasitas genéticos. Por exemplo, o movimento de vírus e elementos transponíveis em torno de um genoma pode levar o DNA a novos locais. Mutações também são introduzidas por erros durante a replicação do DNA. As mutações espontâneas são essenciais para a evolução, mas podem prejudicar os indivíduos, e é por isso que as células as protegem usando o reparo do DNA para corrigir as alterações.

A ideia condensada: Alterações no DNA são a fonte da variação biológica

10 A dupla-hélice

Todas as células transportam informações biológicas no DNA (ácido desoxirribonucleico), uma molécula perfeitamente adequada a seus duplos papéis no armazenamento e transmissão de instruções genéticas. Em última análise, isso se resume ao fato de que o DNA forma filamentos em pares em uma hélice dupla, uma estrutura fácil de copiar e de corrigir.

A dupla-hélice é o ícone definitivo da biologia. Como o átomo, sua estrutura lindamente simples é tão reconhecível que simboliza todo um ramo da ciência. Mas, embora a escada em espiral do DNA possa ser visualmente atraente, sua composição química é muito menos interessante, o que ajuda a explicar por que seu material genético foi negligenciado por mais de 75 anos.

Em 1868, o médico suíço Friedrich Miesler passou a estudar bioquímica com o modesto objetivo de descobrir os blocos construtores da vida. Primeiro, ele se concentrou em proteínas, que eram vitais para a função celular e abundantes no citoplasma, mas um ano depois, em testes em que o ácido foi adicionado aos glóbulos brancos extraídos do pus, um composto rico em fósforo se precipitou da solução. Percebendo que tinha vindo do núcleo, Miesler o chamou de "nucleína". Outros cientistas começaram a estudar o composto, inclusive o alemão Albrecht Kossel, que demonstrou a presença de riboses e de quatro bases. A nucleína foi posteriormente chamado de ácido desoxirribonucleico: DNA (sigla em inglês).

Em 1910, constatou-se que os cromossomos, uma mistura de proteínas e ácidos nucleicos, carregavam genes. A maioria dos biólogos acreditava que as proteínas eram o material genético, principalmente porque seus blocos construtores são mais variados e complexos: vinte aminoácidos *versus* quatro bases. O DNA era tedioso e simplesmente não empolgou os cientistas.

Resolvendo a estrutura No entanto, em meados do século XX, alguns biólogos moleculares, inclusive o norte-americano James Watson e o britâ-

linha do tempo

1869	1944	1949
DNA, ou "nucleína", é isolado pela primeira vez do núcleo das células por Miesler	Avery, MacLeod e McCarty demonstram que o DNA é o material genético	Kelner e Dulbecco sugerem que o DNA é reparado após a exposição à luz ultravioleta

nico Francis Crick, da Universidade de Cambridge, se convenceram de que o DNA era importante. Enquanto isso, no laboratório de Maurice Wilkins, no King's College, em Londres, Rosalind Franklin disparava raios X através de cristais contendo moléculas de DNA. Em 1951, imagens do padrão de raios difratados fizeram Franklin pensar que o DNA era uma espiral. Ela mudou de ideia, mas, quando Wilkins mostrou as imagens de Franklin para Watson, elas o inspiraram. No início de 1953, Linus Pauling, o químico norte-americano que ganhou um Prêmio Nobel pelas ligações químicas, propôs uma hélice tripla. Lawrence Bragg, o chefe de Watson e Crick, tinha uma rivalidade de longa data com Pauling, e a busca por uma solução para a estrutura do DNA logo virou uma competição.

“Muitas vezes receamos que a estrutura correta pudesse ser monótona... a descoberta da dupla-hélice nos trouxe não apenas alegria mas também grande alívio.”

James Watson

Watson e Crick combinaram seus conhecimentos de cristalografia e química para construir modelos plásticos de DNA. Crick percebeu que dois filamentos podiam ser antiparalelos, com espirais girando em direções opostas, de modo que cada hélice era um esqueleto de fosfato de açúcar com bases voltadas para dentro, como os dentes de um zíper. O próximo passo foi encaixar as bases do DNA entre os dois filamentos. Em 1950, o bioquímico austríaco Erwin Chargaff descobriu que as amostras de DNA contêm quantidades iguais das bases adenina e timina (A e T), enquanto a proporção de citosina para guanina (C para G) também é igual. Essa descoberta, a “regra de paridade” de Chargaff, explica como duas hélices permanecem juntas: cada base em pares de filamentos com seu parceiro complementar na outra cadeia, A com T, C com G. A estrutura da dupla-hélice foi enfim resolvida.

Replicação de DNA O artigo de Watson e Crick de 1953, “Molecular structure of nucleic acids” [Estrutura molecular dos ácidos nucleicos], inclui uma das maiores subavaliações da história científica: “Não escapou à nossa observação que o emparelhamento específico que postulamos sugere imediatamente um possível mecanismo de cópia para o material genético”. O segundo estudo da dupla, “Genetical implications of the structure of

1950
O DNA tem proporções iguais de A:T e C:G; Chargaff cria regras de pareamento

1953
Watson e Crick revelam que a estrutura do material genético é de hélice dupla

1958
Matthew Meselson e Franklin Stahl comprovam a replicação semiconservativa do DNA

O material genético

A prova sólida de que o DNA – e não a proteína – é a molécula que transporta genes veio de Oswald Avery, Colin MacLeod e Maclyn McCarty em 1944. Em 1928, o bacteriologista britânico Frederick Griffith já havia demonstrado que, após uma cepa mortal de pneumococo ser destruída pelo calor, seus restos podiam transformar microrganismos não virulentos em uma nova cepa capaz de matar camundongos. Griffith acreditava que suas bactérias haviam mudado ao absorver um "princípio transformador". A equipe canadense e norte-americana de Avery, MacLeod e McCarty separou os restos da cepa letal em frações e, por meio de um processo de eliminação, usando enzimas para digerir moléculas específicas, provou que o "princípio transformador" era o DNA. Em 1952, os geneticistas norte-americanos Alfred Hershey e Martha Chase confirmaram o papel do DNA na hereditariedade, mostrando que, quando uma bactéria é infectada pelo vírus do bacteriófago T2, proteínas virais radioativamente marcadas não entram na célula, mas o DNA viral entra. Os biólogos descobriram que, embora todas as células usem DNA como material genético, os vírus podem usar outros arranjos estruturais de ácido nucleico, inclusive o RNA de filamento duplo e DNA de filamento simples.

deoxyribonucleic acid" [Implicações genéticas da estrutura do ácido desoxirribonucleico], publicado um mês depois do primeiro, elaborou o mecanismo: os dois filamentos separam-se durante a replicação, cada qual usado como modelo para fazer uma duplicata de seu antigo parceiro. Como as novas moléculas mantêm um filamento da hélice original, o processo é considerado "semiconservativo".

Os biólogos moleculares sabem agora que o processo de replicação é complexo e envolve muitas enzimas, inclusive a DNA-polimerase. No entanto, isso também é universal, destacando por que a estrutura de dupla-hélice é tão bem-adaptada à transmissão de informações hereditárias: filamentos complementares facilitam a cópia das instruções da natureza, o que explica por que, em 28 de fevereiro de 1953, Crick correu até um bar local em Cambridge e declarou que ele e Watson haviam descoberto "o segredo da vida".

Reparo de DNA Embora o DNA seja uma molécula relativamente estável, sua adequação para o armazenamento genético não é química e se deve à sua capacidade de fixar mutações. Em 1949, os microbiologistas norte-americanos Albert Kelner e Renato Dulbecco descreveram de forma independente os efeitos prejudiciais da luz ultravioleta. Kelner estava estudando bactérias *Streptomyces*, enquanto Dulbecco analisava bactérias infectadas por vírus. Os dois notaram que os organismos se recuperavam da exposição aos raios ultravioleta após serem colocados em luz visível, um processo chamado de fotorreativação enzimática, que conserta pequenas protuberâncias na dupla-hélice que, de outra forma, obstruiriam a capacidade de uma célula ler o DNA.

Se não forem corrigidas, as mutações se acumulam rapidamente, à medida que as células se dividem e o DNA se replica, aumentando a probabilidade de alterações prejudiciais em um gene. Milhares de lesões aleatórias de DNA são desencadeadas todos os dias, mas poucas se tornam permanentes graças a vários processos de reparo de RNA. Reparo por excisão de base corrige letras específicas: as DNA glicosilases detectam mudanças ao mexer as bases, como um dentista ansioso que verifica se há dentes podres em um paciente. Enquanto isso, o reparo por excisão de nucleotídeos conserta várias letras por vez.

Danos aos dois filamentos de DNA são um desastre em potencial para as células, então essas mutações são rapidamente corrigidas. A união de extremidade não homóloga raspa fora algumas bases e depois cola as pontas quebradas – uma solução instantânea que acarreta uma mutação. A recombinação fornece um método mais preciso, a união de extremidade homóloga, já que o DNA de um cromossomo correspondente se torna um modelo para o reparo. Isso ilustra um benefício importante da dupla-hélice: cada filamento serve como cópia de segurança para o outro; portanto, se um estiver danificado, o outro filamento poderá ser usado para recuperar quaisquer dados genéticos faltantes.

A ideia condensada: A estrutura do DNA é feita para replicação e reparo

11 O código genético

O código da natureza permite que as células traduzam as instruções codificadas no DNA para a linguagem das proteínas. Embora essa expressão seja frequentemente usada para descrever nossa composição genética ou DNA, o código genético é um código real – um conjunto de regras para a maneira como a informação é convertida de um formato para outro.

Os genes e as proteínas são escritos em diferentes alfabetos químicos. O DNA usa quatro letras: as bases adenina (A), citosina (C), guanina (G) e timina (T). O alfabeto de proteínas, entretanto, tem vinte aminoácidos. Em meados do século XX, bioquímicos já sabiam que os ácidos nucleicos e proteínas são formados a partir de cadeias de blocos construtores: em 1902, por exemplo, Franz Hofmeister e Emil Fischer provaram, de forma independente, que as proteínas contêm aminoácidos.

Depois que James Watson e Francis Crick mostraram que ambos os filamentos de DNA são uma sequência de nucleotídeos, cada um carregando uma das quatro bases, Crick propôs que a ordem das letras explica os aminoácidos de uma proteína. Essa "hipótese de sequência" é possibilitada pelo código genético, as regras que permitem que a linguagem dos genes seja traduzida para o vocabulário das proteínas.

Desvendando o código A corrida para desvendar o código genético começou assim que Watson e Crick revelaram a dupla-hélice em 1953. Inicialmente, os cientistas não tinham ideia de como as palavras-código da vida eram escritas; sabiam apenas que o DNA tinha quatro bases. Se cada palavra tivesse duas letras, haveria apenas dezesseis combinações (4×4), insuficientes para os vinte aminoácidos usados nas proteínas. Eles estimaram que o código usava palavras de três letras, o que dá 64 (4×4×4) trincas, uma teoria que se provou correta por uma equipe britânica em 1961.

linha do tempo

1955
Crick sugere um adaptador intermediário entre DNA/RNA e aminoácidos

1958
RNA que transfere aminoácidos para proteínas é descoberto por Hoagland e Zamecnik

1961
Jacob e Monod descobrem interruptores genéticos, transcrição para o RNA mensageiro

Sabendo que as proteínas são codificadas em uma "grelha de leitura" de trincas não sobrepostas, o próximo passo foi decifrar o significado de cada palavra de código de três letras. Em 1954, o físico George Gamow fundou o "RNA Tie Club", uma sociedade de vinte gênios interessados em decifrar o código genético, dos quais cada um usava uma gravata de acordo com um aminoácido. Embora Watson, Crick e vários outros ganhadores do Prêmio Nobel fizessem parte do clube, não conseguiram decifrar o código.

"É uma das generalizações mais marcantes da bioquímica... que os vinte aminoácidos e as quatro bases são, com pequenas reservas, os mesmos em toda a natureza."

Francis Crick

Os primeiros a decifrar uma "palavra-chave" foram os bioquímicos Marshall Nirenberg e Heinrich Matthaei, que revelaram que o trio "UUU" codifica o aminoácido fenilalanina. Em 1966, o laboratório e as equipes de Nirenberg, liderados por Severo Ochoa e Har Gobind Khorana, acabaram decifrando todas as 64 trincas.

Transcrição Então, por que as proteínas são lidas a partir do RNA, e não do DNA? A resposta resume-se a como os genes são controlados: o processo de transcrição. Em 1961, François Jacob e Jacques Monod descobriram isso estudando o "óperon lac" em *Escherichia coli*, um grupo de três genes para o metabolismo da lactose. Os biólogos moleculares franceses mostraram que os genes são controlados por sequências de DNA anteriores do óperon – interruptores genéticos que podem ser ativados ou desativados pela presença de açúcares, como a lactose. Como os genes estão no DNA e as proteínas são produzidas no citoplasma de uma célula, Jacob e Monod propuseram que as instruções de produção de proteínas são transportadas por uma molécula intermediária: o ácido ribonucleico. O RNA é muitas vezes uma fita simples e usa a base uracila (U) em vez da timina (T), mas, em termos de informação genética, o RNA e o DNA são idênticos.

A transcrição – leitura de genes para fazer uma cópia de RNA – assemelha-se à replicação do DNA. A dupla-hélice é descompactada pelo maquinário celular – enzimas como as RNA polimerases –, de modo que a sequência de bases pode ser copiada de um filamento de DNA para uma molécula intermediária, o RNA mensageiro (RNAm). Em eucariontes, o RNAm é então exportado a partir do núcleo.

1961
Código genético para tradução é apontado como trincas de três letras

1961
Nirenberg e Matthaei usam RNA sintético para decifrar o primeiro código de trinca

1966
Cientistas decifram o código genético para todas as 64 trincas

O dogma central

A informação genética só pode fluir em certas direções. Esse é o "dogma central da biologia molecular", esboçado em 1956 por Francis Crick: "Quando a informação entra em uma proteína, não pode mais sair", onde informação é a sequência de aminoácidos. James Watson, o outro descobridor da dupla-hélice, causou confusão mais tarde ao simplificar incorretamente esse conceito para "DNA faz RNA produzir proteína". Crick refinou o dogma central em 1970 definindo três tipos de transferência: transferências gerais, que ocorrem em todas as células, tais como DNA para DNA (replicação), DNA para RNA (transcrição), RNA para proteína (tradução); transferências especiais, que incluem RNA para DNA, um processo de "transcrição reversa" usado por vírus feitos de RNA; e transferências exclusivas, que convertem informações de proteína em DNA, RNA ou proteína. A "tradução reversa" da proteína para DNA ou RNA seria impossível, pois a informação é perdida por causa da degeneração no código genético, mas há um exemplo de transferência limitada de informações entre proteínas: príons (ver capítulo 24).

Tradução Com base nas ligações químicas disponíveis nos ácidos nucleicos, Crick percebeu que era improvável que o DNA/RNA agisse como um modelo direto para a produção de proteínas e propôs que elas se ligariam a aminoácidos via pequenas moléculas adaptadoras. Em 1958, os cientistas norte-americanos Mahlon Hoagland e Paul Zamecnik mostraram que os aminoácidos marcados radioativamente se ligariam ao RNA antes de serem incorporados às proteínas, sugerindo que o RNA transfere os aminoácidos durante a síntese de proteínas. Então, em 1965, o bioquímico Robert Holley revelou a estrutura da molécula misteriosa, que se assemelha a uma folha de trevo. O seu "RNA transportador" (RNAt) continha o aminoácido "alanina" e provou que a hipótese do adaptador de Crick estava correta.

O processo de tradução é realizado por outra máquina celular, o ribossomo. À medida que um filamento de RNAm é puxado através do ribossomo como papel através de uma impressora, um adaptador de RNAt se anexa por vez a cada palavra de três letras ou "códon", usando uma trinca "anticódon" correspondente da ponta da estrutura em forma de folha de trevo do RNAt. O ribossomo adiciona o aminoácido anexado do RNAt a uma cadeia crescente que será dobrada em uma proteína 3D.

Degeneração A natureza tripla do código genético lhe dá uma característica importante: ela é "degenerada". Assim como sinônimos são palavras com um significado similar, degeneração significa que vários códons são traduzidos como o mesmo aminoácido. Isso ocorre porque os genes usam 64 códons, mas as proteínas usam vinte palavras, então a maioria dos aminoácidos é codificada por várias trincas (três códons atuam como uma "parada" para a tradução, restando 61). Uma consequência da degeneração é o "dogma central": a informação se perde na tradução – o equivalente de a linguagem genética ter palavras para "gato" e "cão", mas proteínas só entenderem "animal de estimação". Degeneração significa que substituir uma base por

A linguagem dos genes

O código genético padrão consiste em 64 palavras de três letras, ou códons. Ele usa quatro bases no DNA: A, C, G, T (U substitui T no RNA). Cada palavra codifica um dos vinte aminoácidos, um sinal de "iniciar" ou "parar".

ATG	INICIAR	TTA, TTG, CTT, CTC, CTA, CTG	Leucina
GCT, GCC, GCA, GCG	Alanina	AAA, AAG	Lisina
CGT, CGC, CGA, CGG, AGA, AGG	Arginina	ATG	Metionina
AAT, AAC	Asparagina	TTT, TTC	Fenilalanina
GAT, GAC	Ácido aspártico	CCT, CCC, CCA, CCG	Prolina
TGT, TGC	Cisteína	TCT, TCC, TCA, TCG, AGT, AGC	Serina
CAA, CAG	Glutamina	ACT, ACC, ACA, ACG	Treonina
GAA, GAG	Ácido glutâmico	TGG	Triptofano
GGT, GGC, GGA, GGG	Glicina	TAT, TAC	Tirosina
CAT, CAC	Histidina	GTT, GTC, GTA, GTG	Valina
ATT, ATC, ATA	Isoleucina	TAA, TGA, TAG	PARAR

outra pode não alterar um aminoácido. Por exemplo, todos os códons que começam com "GG" (GGA, GGC, GGG, GGU) se traduzem para "glicina". As substituições de base que criam códons sinônimos são mutações "silenciosas", mas nem sempre são inofensivas (ver capítulo 12).

Enquanto as mitocôndrias e alguns microrganismos usam pequenas variações, a maioria dos organismos usa um código genético padrão, o que não é um acidente, mas resultado da seleção natural. Em 1998, os biólogos evolucionistas Stephen Freeland e Laurence Hurst fizeram simulações de computador para gerar códigos aleatórios com regras diferentes e então avaliaram o impacto das mutações. De um milhão de códigos aleatórios, apenas um foi melhor para minimizar o efeito de mutações.

A ideia condensada: Regras traduzem instruções genéticas em proteínas

12 Expressão gênica

As características de um organismo são determinadas por seus genes, que codificam proteínas que ditam as características das células. As instruções genéticas especificam mais do que apenas a sequência de uma proteína – elas influenciam a complexidade biológica.

A invenção de técnicas de biologia molecular, como a mutagênese em 1927, permitiu que os cientistas estudassem os efeitos genéticos no nível bioquímico. Ao mesmo tempo, os pesquisadores ampliaram a variedade de organismos-modelo para além de cobaias como a drosófila, a *Drosophila melanogaster*. Bernard Dodge, do Jardim Botânico de Nova York, pesquisando o mofo de pão *Neurospora crassa*, visitou a Universidade Columbia e disse a Thomas Hunt Morgan: "É ainda melhor que a drosófila". Em 1928, quando Morgan se mudou para o Instituto de Tecnologia da Califórnia (Caltech), levou consigo o mofo.

Os geneticistas norte-americanos George Beadle e Edward Tatum também viram potencial no *Neurospora*. Beadle, que havia estudado drosófilas no Caltech nos anos 1930, percebeu que o molde seria ideal para observar os efeitos da mutação no metabolismo, as reações bioquímicas que mantêm os seres vivos.

O *Neurospora* faz seus próprios nutrientes a partir de alimentos, mas, quando, em 1941, Beadle e Tatum o expuseram a raios X, alguns mofos perderam a capacidade de produzir elementos como vitamina B6, crescendo em placas de Petri apenas quando era oferecido o nutriente ausente. Isso mostrou que os genes funcionam em pontos específicos em uma via metabólica, sugerindo que eles produzem as enzimas que catalisam as reações bioquímicas. Essa é a hipótese de "um gene, uma enzima".

As proteínas desempenham vários papéis além de agir como enzimas. Na década de 1960, o código genético revelou que uma sequência de DNA es-

linha do tempo

1941	1961	1961
Experimentos de Beadle e Tatum levam à hipótese de "um gene, uma enzima"	Jacob e Monod mostram que interruptores genéticos controlam a transcrição de DNA	O código genético consiste em palavras-código de três letras não sobrepostas

pecifica os aminoácidos de uma proteína – uma cadeia polipeptídica – e, portanto, a hipótese transformou-se em "um gene, uma proteína". Os passos do gene para a proteína também foram demonstrados: as instruções no DNA são transcritas (lidas e copiadas) para o RNA, então traduzidas (decodificadas) para proteínas. Mas esse processo – a expressão gênica – inclui muitos outros passos. Por exemplo, o DNA pode ser estendido de outras moléculas em um cromossomo, e um polipeptídio só se torna uma proteína assim que dobrado em forma tridimensional. Dois passos destacam-se por revelarem características-chave dos genes: interruptores e peças.

Mutações silenciosas

O código genético se "degenera" porque os 64 códons de três letras (palavras--código) são traduzidos em 20 aminoácidos. Como a maioria dos aminoácidos são codificados por dois ou mais códons – 'GGA' e 'GGG' especificam a glicina, por exemplo –, então algumas mudanças não alteram a sequência proteica, de forma que, no passado, se supunha que essas mutações eram "silenciosas" quanto a características do organismo e, portanto, à seleção natural. Porém, nos anos 1980, geneticistas como Richard Grantham e Toshimichi Ikemura observaram algo estranho: alguns códons tinham preferência em relação a outros. Embora 'AAC' e 'AAT' codifiquem a asparagina, 'AAC' é mais comum no DNA de *E. coli*. Essa "tendência de uso de códon" variava entre espécies e combinava níveis de moléculas de RNAt, sugerindo que as tendências melhoravam a tradução. O padrão foi encontrado em tudo, de leveduras até drosófilas, mas não em mamíferos, embora a comparação de genes em diferentes espécies tenha demonstrado que certas mudanças de DNA foram evitadas durante a evolução. Então, o que estava acontecendo? Embora certos códons possam não ser importantes em termos de sequência proteica, agora sabemos que são necessários para corrigir a expressão gênica. A máquina de *splicing* precisa de letras específicas para identificar exóns, por exemplo. Mutações silenciosas até causam doenças em seres humanos, provando que não são tão silenciosas assim.

Interruptores genéticos Como as células controlam quando as proteínas são feitas? Os fundamentos da transcrição foram demonstrados por François Jacob e Jacques Monod em 1961, baseados em um grupo de três genes para o metabolismo da lactose: o "óperon lac" em *E. coli*. Os biólogos franceses mostraram que moléculas, agora chamadas de "fatores de transcrição", se ligam a sequências de DNA próximas a genes, ligando-as ou desli-

1977
Genes divididos são descobertos por Roberts e Sharp, revelando o *splicing* de RNA

1980
Mutações que não alteram a sequência proteica podem afetar a expressão gênica

2003
O projeto Encode é lançado para identificar todos os elementos funcionais do genoma humano

“Os bioquímicos reconhecem material genético como parte integrante dos sistemas com os quais trabalham.”

George Beadle

gando-as. Para o óperon lac, os interruptores eram invertidos quando açúcares como a lactose estavam presentes, mas a maioria dos genes é controlada por sinais que indicam os fatores de transcrição para se ligar ao DNA. Como o RNA é facilmente decomposto pelas enzimas, Jacob e Monod sugeriram que ele serve como uma mensagem temporária. Como luzes economizadoras de energia em um corredor controlado por um temporizador em interruptor de pressão, a natureza transitória do RNA significa que os interruptores de DNA regulam a síntese de proteínas diretamente, pois as proteínas só são feitas enquanto o DNA é copiado ativamente para o RNA.

A regulação transcricional é mais elaborada nas células eucariontes. Como as bactérias não têm núcleo, a transcrição e a tradução ocorrem simultaneamente. Os eucariontes também têm mais interruptores genéticos. O interruptor principal – o promotor – fica bem acima de onde começa a transcrição. Interruptores acentuadores, longe em um cromossomo, aproximam-se do promotor por fatores de transcrição que anexam ao DNA e um ao outro, como pegar as extremidades da corda para criar um laço. Fatores de transcrição levam a enzima RNA polimerase a transcrever o DNA para uma cópia do RNA mensageiro.

Dado que as características de um organismo são determinadas pelas proteínas, é esperado que as diferenças entre os indivíduos se reduzam às sequências codificadoras de proteínas no DNA; no entanto, pelo menos em humanos, isso não é verdade: quando duas pessoas não parentes são comparadas, suas sequências de codificação são, em média, 99,9% idênticas. Então, o que nos torna únicos? Em 2003, o Instituto Nacional de Pesquisa Genômica Humana dos Estados Unidos lançou o projeto Encode (Enciclopédia dos elementos de DNA, em português) para identificar todas as sequências funcionais no genoma, que revelou que interruptores genéticos são responsáveis por grande parte da variação entre os indivíduos.

Alterar as letras do DNA afeta a capacidade do fator de transcrição de se ligar a sequências específicas em um interruptor, o que, por sua vez, afeta a forma como as células leem o DNA. A atividade genética não pode, portanto, ter uma alternância liga/desliga, mas possui um “interruptor regulador”.

Genes em pedaços Se os genes determinam características, pareceria lógico que espécies complexas tivessem mais genes. Na década de 1990, esse raciocínio levou muitos biólogos a prever que o genoma humano teria 100 mil genes. Mas, quando o primeiro rascunho de nossa sequência completa de DNA foi publicado em 2001, revelou-se que ele contém apenas 30 mil, e estimativas recentes indicam apenas 20 mil genes – quase o mesmo número que o de um verme nematoide. No entanto, o corpo humano tem 37 trilhões de células de duzentos tipos diferentes, enquanto os nematoides têm 1 milímetro de comprimento e mil células.

O segredo da complexidade está nos genes divididos. Durante a maior parte do século XX, a analogia de Morgan de "contas em um colar" moldou a forma como os cientistas viam um gene, como um pedaço distinto de DNA em um cromossomo. Mas, enquanto estudavam o adenovírus em 1977, Richard Roberts e Phillip Sharp descobriram que, quando sequências de RNA eram mapeadas em seu DNA, o comprimento do DNA era muito maior que o RNA, revelando que os genes consistem em peças. Estudos de genes não virais, como a hemoglobina, confirmaram que as células também têm genes divididos. O modelo de contas em um colar pode não funcionar para genes em um cromossomo, mas pode ser aplicado a sequências codificadoras de proteínas, onde os genes são divididos em "éxons" interrompidos por longos trechos de "íntrons". O gene humano médio contém dez íntrons, mas o mais longo (codificando a titina, uma proteína muscular) tem 363 éxons. Como os íntrons não codificam instruções genéticas, são removidos quando o DNA é transcrito em pré-RNAm (RNA mensageiro precursor). Esse processo de *splicing* de RNA é realizado por uma "máquina de spliceossomo", que contém vários RNAs catalíticos e centenas de proteínas. O spliceossomo faz um laço entre dois éxons que podem conter um único íntron ou vários segmentos, corta-o e depois une os éxons. O laço pode ser um único íntron ou vários segmentos.

Como um antigo editor de filmes cortando cenas de um rolo de filme, as células podem cortar e colar os éxons para produzir diferentes combinações de RNAm – múltiplas proteínas de um gene. Esse "*splicing* alternativo" gera uma incrível diversidade de proteínas. O gene Dscam nas drosófilas, por exemplo, tem 95 éxons e é capaz de produzir mais de 38 mil proteínas. Isso ajuda a explicar como os organismos podem ser mais complexos sem mais genes: cerca de 20% dos genes nos nematoides passam alternativamente por *splicing*, enquanto mais de 90% dos genes humanos codificam múltiplas proteínas.

A ideia condensada: O DNA direciona diversas etapas no processo de produção de proteínas

13 Dobramento de proteínas

As proteínas fazem quase todo o trabalho duro em organismos vivos, desde catalisar o metabolismo celular até conectar tecidos corporais. Essas funções exigem que as cadeias de aminoácidos se dobrem em formas tridimensionais, mas, desde a corrida para decifrar o código genético, entender como isso acontece tem sido o maior desafio na biologia molecular.

O químico norte-americano Linus Pauling ganhou dois prêmios Nobel e poderia ter se tornado a única pessoa a ganhar três se tivesse vencido Watson e Crick na corrida para desvendar a estrutura do DNA. Seu primeiro Nobel, em química (o segundo foi da paz), foi pelo trabalho sobre a natureza quântica das ligações químicas e a estrutura de substâncias complexas, como as proteínas. Quando era professor convidado da Universidade de Oxford, em 1948, Pauling pegou um resfriado e acabou na cama, onde rapidamente se cansou dos romances policiais e começou a fazer estruturas moleculares de papel. Horas depois, o gênio criativo havia construído uma espiral unida por ligações de hidrogênio em intervalos regulares ao longo da cadeia. Ao retornar ao Instituto de Tecnologia da Califórnia, ele trabalhou com o cristalógrafo de raios X Robert Corey e o físico Herman Branson para confirmar que seu modelo de papel estava correto e, em 1951, ele revelou sua descoberta: a alfa-hélice.

Estruturas A estrutura primária de uma proteína é a sua sequência de aminoácidos, e essa "cadeia polipeptídica" se enrola, dobra ou se retorce em uma estrutura secundária – seja uma alfa-hélice, uma folha-beta ou curva. Uma proteína é formada dobrando-se em uma forma tridimensional – a estrutura terciária. Isso pode acontecer individualmente ou fazer parte de uma estrutura quaternária ainda mais complexa (como na hemoglobina, que consiste em quatro subunidades). As proteínas podem ser globulares,

linha do tempo

1951
Pauling apresenta a estrutura de alfa-hélice formada a partir da cadeia polipeptídica

1958-60
Estruturas dobradas de mioglobina e hemoglobina são determinadas por Perutz e Kendrew

1961
O dogma de Anfinsen sugere sequências de aminoácidos que codificam a forma 3D das proteínas

fazer parte das membranas ou produzir fibras. O tecido conjuntivo fibroso que mantém as células juntas – colágeno – compõe cerca de um terço do corpo humano.

A primeira estrutura tridimensional de uma proteína foi apresentada em 1958 pelo cristalógrafo britânico John Kendrew, que exibiu a forma longa e sinuosa da mioglobina, a molécula transportadora de oxigênio no tecido muscular. Como ele descreveu: "O arranjo parece ser quase totalmente desprovido do tipo de regularidades que alguém instintivamente antecipa, e é mais complicado do que foi previsto por qualquer teoria da estrutura das proteínas".

"Se você quiser ter boas ideias, precisa ter muitas ideias. A maioria delas vai estar errada, e o que você tem que aprender é quais jogar fora."

Linus Pauling

Essa declaração levantou nos biólogos diversas questões. Como uma sequência de aminoácidos codifica a estrutura? O que permite que as proteínas se dobrem tão rápido? E a estrutura pode ser prevista a partir de uma sequência? Juntas, elas são conhecidos como o problema do dobramento das proteínas.

O código da proteína Pesquisadores esperavam que os mistérios do dobramento de proteínas pudessem ser resolvidos por um código com regras simples, semelhante ao pareamento de bases entre filamentos opostos no DNA. Mas as coisas não são tão fáceis: o Protein Data Bank, um repositório on-line criado em 1971 e que agora contém 100 mil estruturas em detalhes atômicos, descreve ligações de hidrogênio, forças de curto alcance de Van der Waals, ângulos preferidos em cadeias principais de polipeptídios, além de interações eletrostáticas e hidrofóbicas entre aminoácidos. Entender essas interações pode levar a uma série de regras de codificação.

Na década de 1960, o bioquímico norte-americano Christian Anfinsen estudou uma pequena proteína catalítica chamada ribonuclease. Como todas as enzimas, seu "local ativo" contém átomos que interagem com uma molécula específica para catalisar uma reação química. À medida que os reagentes se ligam ao local ativo, uma enzima muda de conformação (formato) e libera produtos. Em 1961, depois de alterar uma solução para que as enzimas adotassem uma forma desnaturada (não funcional), Anfinsen provou que uma proteína

1969
O paradoxo de Levinthal destaca o dobramento rápido apesar das combinações teóricas

1971
O Protein Data Bank é estabelecido como repositório de estruturas e interações

1994
Início de testes semestrais de *software* de previsão de estrutura através da CASP

Metabolismo

As proteínas têm diversas funções nos organismos, mas, sem dúvida, seu papel mais vital é como enzimas: catalisadores que impulsionam as reações metabólicas que apoiam a vida. O metabolismo inclui milhares de processos bioquímicos. Reações anabólicas envolvem a construção, como a síntese de ácidos graxos do açúcar. Reações catabólicas envolvem rompimento, como a digestão do amido em açúcares. Mutações em genes que codificam enzimas causam doenças, como mostrado pela primeira vez pelo médico britânico Archibald Garrod. Em 1908, Garrod sugeriu que a alcaptonúria, um distúrbio hereditário raro cujos sintomas incluem urina escura e dor nas articulações na meia-idade, resultava da incapacidade de romper uma ligação química na alcaptona ou "ácido homogentísico", devido a um problema com uma enzima específica. Mais tarde, Garrod classificou os distúrbios congênitos como a alcaptonúria como "erros inatos do metabolismo", relacionando hereditariedade às proteínas pela primeira vez.

pode ser dobrada de volta à sua conformação nativa, o que o levou a sugerir que toda a informação necessária para se produzir uma proteína é codificada dentro do polipeptídio. Como afirmado em 1973: "A conformação nativa é determinada pela totalidade das interações interatômicas e, portanto, pela sequência de aminoácidos".

O dogma de Anfinsen, como ficou conhecida essa regra, foi originalmente chamado de "hipótese termodinâmica". Basicamente, ao se dobrar, uma proteína é direcionada a um estado com a menor energia livre, criando moléculas termodinamicamente estáveis. Os cientistas imaginam esse caminho como uma "paisagem energética" em forma de funil: o polipeptídio tem espaço para explorar uma conformação diferente no topo, mas menos opções à medida que o funil se torna mais estreito. Isso ajuda a visualizar um caminho de dobramento, mas não o processo natural.

Dobramento rápido Em 1969, o biólogo molecular norte-americano Cyrus Levinthal proferiu uma palestra intitulada "Como dividir graciosamente" sobre como a temperatura desnatura e renatura enzimas, fornecendo um cálculo básico para o número de combinações possíveis em uma proteína teórica, o que destacou o fato de que uma cadeia polipeptídica pode, teoricamente, adotar um número astronômico de estruturas e ainda encontrar a certa quase espontaneamente, algumas vezes em microssegundos. Uma resolução para o "paradoxo de Levinthal" é que as estruturas secundárias locais se dobram primeiro – talvez até mesmo enquanto a cadeia está sendo feita – e o dobramento global acontece mais tarde, reduzindo enormemente o número de variações teóricas. Desde a década de 1980, os biólogos também sabem que as células contêm chaperonas (ou acompanhantes) moleculares para ajudar a orientar o dobramento e o redobramento.

Previsão de estruturas Com um algoritmo de computador para prever a estrutura de uma proteína apenas a partir de sua sequência de aminoácidos, seria possível evitar demorados experimentos de laboratório, acelerando a descoberta de novas drogas e proteínas. Um sucesso nessa área foi alcançado pelo biólogo computacional David Shaw. Em 2011, suas simulações recriaram as estruturas dobradas de doze pequenas proteínas, algumas das quais são partes-chave ou "domínios" de uma molécula maior.

Enquanto desvendar a estrutura do DNA e quebrar o código genético acirravam a concorrência entre alguns laboratórios, o problema do dobramento de proteínas está sendo abordado por uma comunidade muito mais ampla. Desde 1994, a Avaliação Crítica da Predição das Técnicas para Previsão Estrutural da Proteína (Critical Assessment of Techniques for Protein Structure Prediction, CASP) tem ocorrido a cada dois meses, um tipo de competição na qual os cientistas testam seu *software* em mais de cem sequências de aminoácidos recém-descobertas.

Mioglobina

A mioglobina é uma proteína globular (esférica) nos vertebrados relacionada à hemoglobina, mas é a molécula transportadora de oxigênio no tecido muscular, e não nas células sanguíneas. A proteína dobrada é feita de oito alfa-hélices conectadas por laços (*loops*), com um grupo "heme" rico em ferro no centro, pigmento que dá à carne sua cor vermelha.

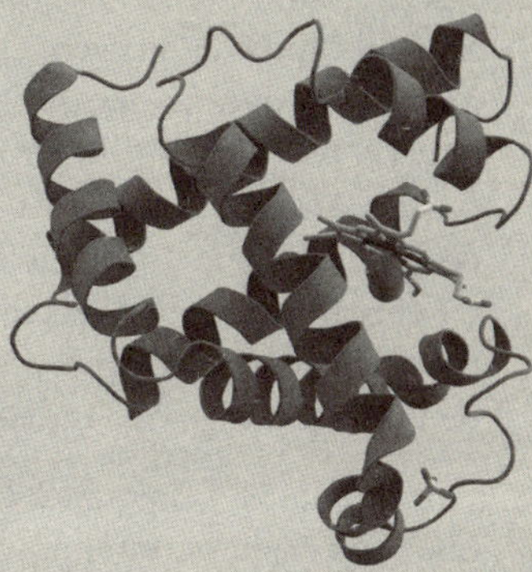

O público também está envolvido. No jogo de *videogame* Foldit, os jogadores ganham pontos ao alterar as estruturas existentes para obter estruturas melhores. Em 2011, cientistas relataram que os jogadores haviam resolvido a estrutura de uma protease viral – uma enzima que os pesquisadores vinham estudando havia quinze anos – em três semanas. Uma abordagem criativa para o dobramento de proteínas? Linus Pauling, sem dúvida, teria aprovado.

A ideia condensada: O maior problema da biologia molecular poderá ser resolvido em breve

14 DNA-lixo

O genoma é todo o complemento de DNA de um organismo, um conjunto completo de cromossomos que carrega todos seus genes. Em muitas espécies, inclusive em humanos, apenas uma pequena parte do genoma consiste em genes codificadores de proteínas. O resto é não codificante, às vezes mencionado como a misteriosa "matéria escura" do genoma. Mas isso é lixo?

Seu genoma é cinco vezes menor que um genoma de cebola: um fato fascinante que não faz sentido se você acreditar que um organismo complexo deveria ter mais DNA. De fato, quando o comprimento do genoma é comparado a organismos mais complexos, o vegetal muitas vezes ganha; uma comparação que o geneticista canadense T. Ryan Gregory chama de "teste da cebola". Isso está relacionado com o "paradoxo do valor C", destacado em 1971 por C. A. Thomas Jr., médico de Harvard: o tamanho do genoma de um organismo não reflete sua complexidade biológica.

Parte da razão pela qual o DNA e a complexidade não estão relacionados é que os genomas contêm quantidades variáveis de entulho inútil, ou "DNA-lixo". Esse termo já era usado na década de 1960, mas ficou famoso por conta do geneticista japonês Susumu Ohno em 1972. Ohno argumentou que, se cada letra de uma sequência de DNA fosse útil, o fardo de mutações prejudiciais seria insuportável. Na verdade, ele disse: "A Terra está repleta de restos fósseis de espécies extintas; é de admirar que nosso genoma também esteja cheio de restos de genes extintos?".

DNA egoísta Em 1953, a geneticista norte-americana Barbara McClintock relatou que seções de cromossomos em plantas de milho se movimentavam durante a divisão celular. A descoberta de McClintock dos "genes saltadores" foi amplamente ignorada até o final da década de 1960, quando foram encontrados em outros organismos. Em 1980, vários eminentes cientistas sugeriram que a maioria do DNA no genoma de um organismo complexo é "egoísta". Genes saltantes (chamados agora de "elementos transponíveis")

linha do tempo

1953	1971	1972
McClintock relata que elementos transponíveis saltam em torno do genoma do milho	Paradoxo do valor C para complexidade e quantidade de DNA é descrito por Thomas Jr.	Ohno populariza o "DNA-lixo" e argumenta que as mutações pesam no genoma

Variação no número de cópias

Nós não somos 99,9% idênticos. O número baseia-se no alinhamento do DNA de dois indivíduos não relacionados lado a lado e na contagem de pequenas diferenças, como mudanças de uma única letra na sequência. Em 2004, Charles Lee e Michael Wigler descobriram, de forma independente, que o genoma humano contém significativas variações no número de cópias ou VNC: grandes seções de DNA são excluídas ou duplicadas. Isso significa que, em vez de alguns "erros ortográficos", a diferença no livro da vida entre duas pessoas é como ter páginas ou capítulos ausentes ou a mais, o que pode não ter impacto, mas pode também alterar características ou causar doenças. Algumas VNCs contêm genes. Por exemplo, enquanto algumas pessoas herdam uma cópia do gene da amilase – codificando a enzima para digerir o amido – de cada pai, outras podem ter até dezesseis cópias. Em 2015, Stephen Scherer compilou sequências de DNA de indivíduos saudáveis de diversas origens étnicas para criar um mapa do genoma humano com VNCs e descobriu que cerca de cem genes podem ser completamente excluídos sem efeitos nocivos. Em vez de uma diferença de 0,1% entre as pessoas, o mapa da VNC mostra que 5% a 10% do genoma consiste em VNCs.

são um exemplo. Alguns fragmentos desse DNA parasítico e egoísta ainda podem se mover ao redor de um genoma por "cópia e cola" ou "corta e cola", enquanto outros perdem essa capacidade, permanecendo relativamente inofensivos ao hospedeiro.

O esboço da sequência do genoma humano, publicado em 2001, revelou que os elementos transponíveis constituem 45% do nosso DNA. Além disso, as mutações tornam as sequências antigas irreconhecíveis ao longo do tempo: estimativas recentes indicam que elementos transponíveis compõem entre metade e dois terços do nosso genoma. Nas plantas de milho, o número está mais próximo de 90%. Essa diferença ajuda muito a explicar o teste da cebola.

DNA não codificante Nosso genoma tem 3,2 bilhões de letras que, se impressas em páginas em texto quase ilegível, encheriam volumes enciclopédicos em uma estante do chão ao teto. Temos cerca de 20 mil genes, sequências de DNA que codificam proteínas, mas eles representam apenas 1,2% do total do genoma; os 98,8% restantes são conhecidos como DNA não codificante. No entanto, DNA não codificante e DNA-lixo não são a

2001
O Projeto Genoma Humano revela que metade do DNA consiste em transposições

2012
O Projeto Encode afirma que 80% do genoma humano tem função biológica

2015
Graur e seus colegas classificam o DNA de acordo com a função por efeito selecionado

mesma coisa. A codificação determina se o DNA produz proteínas, mas para definir se um DNA é "lixo" é necessário saber se é útil para o organismo que o carrega. Pense no genoma como um imenso ferro-velho. Os funcionários vieram de carro ao trabalho e assim você sabe que seus carros estacionados são funcionais ou "codificantes". E quanto a todos os veículos "não codificantes" no ferro-velho? Alguns são sucata, outros podem ser recuperados, alguns podem até ser carros funcionais estacionados no ferro-velho sem que você perceba. A única maneira de saber é examinar cada veículo. O outro lado disso (um erro lógico cometido pelos criacionistas) é pensar que, se você encontrar um item útil, todo o ferro-velho deve ser útil.

Função no genoma

O DNA é classificado de acordo com sua função por "efeito selecionado". O DNA literal transporta informações, como genes codificadores de proteínas. O DNA indiferente é útil apenas pela sua presença. O DNA-lixo não ajuda nem dificulta. O DNA refugo é perigoso para um organismo.

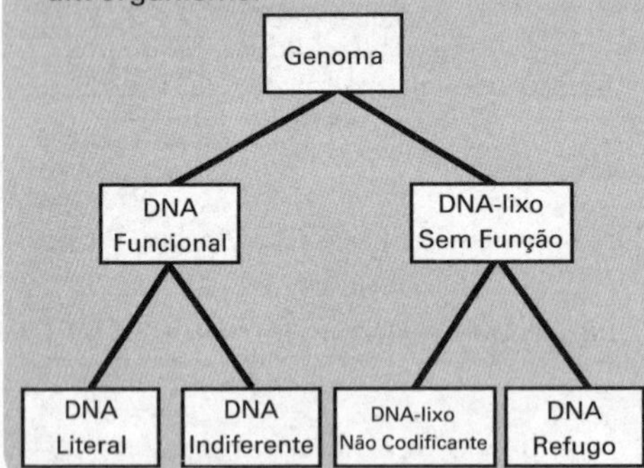

DNA funcional Junto de seus genes codificadores de proteínas, o DNA também carrega genes especificadores de RNA. Genes de RNA bem conhecidos produzem moléculas de RNAt usadas para traduzir o código genético, mas muitos mais são conhecidos por serem vitais, porque mutações no gene de RNA causam doenças. O DNA também tem elementos de controle, como interruptores genéticos que regulam a expressão gênica. Então, quanto do DNA não codificante é útil? Não há um acordo entre os cientistas sobre a quantidade.

Uma abordagem usada por geneticistas é alinhar os genomas de duas espécies – como de humanos e de outro mamífero – lado a lado para calcular quanto da sequência de DNA foi conservada ao longo do tempo. Isso dá entre 5% e 9%. Outra abordagem é medir como o DNA interage com outras moléculas. O maior esforço para identificar o DNA funcional dessa maneira foi feito pelo projeto Encode. Em 2012, a equipe do Encode concluiu que 80% do genoma tinha uma "função biológica". Muitos biólogos criticaram essa afirmação, pois usaram uma definição vaga de "função", que está mais próxima da "atividade biológica" do que da definição da utilidade do DNA para um organismo.

DNA inofensivo O mal-entendido pelo público, jornalistas e até mesmo por cientistas se dá, em última análise, devido ao uso inadequado de sinônimos. O DNA-lixo é "lixo" – não "descarte" ou "dejeto". Esse conceito foi articulado em 1998 pelo geneticista sul-africano Sydney Brenner: "Há coisas que guardamos à toa, que são lixo, e o lixo que jogamos fora, que é dejeto. O excesso de DNA em nossos genomas é lixo e está lá porque é inofensivo".

"As pessoas se sentem bastante desconfortáveis com a ideia de que muito de seu DNA não tem valor."

Sydney Brenner

Em 2015, o biólogo evolucionista Dan Graur ampliou a ideia de Brenner, classificando o DNA de acordo com sua função por "efeito selecionado" – se o ganho ou a perda de DNA teria um efeito sobre a aptidão de um organismo para sobreviver e se reproduzir e, portanto, se é "notado" pela seleção natural. Isso produz quatro classes de DNA. O "DNA literal" carrega informações na ordem das letras, de modo que inclui genes codificadores de proteínas, genes de RNA e elementos de controle. O DNA indiferente é funcional por sua presença, semelhante à maneira como uma página em branco separa o texto de um livro. O DNA-lixo não ajuda nem atrapalha, enquanto o DNA refugo é prejudicial.

Por que os organismos não removem o DNA-lixo? Porque sua presença tem pouco ou nenhum efeito na aptidão. Se deixasse de ser inofensivo e se tornasse nocivo, a seleção natural poderia removê-lo. Como Sydney Brenner explicou: "Se o DNA extra se mostrasse desvantajoso, ficaria sujeito a seleção, assim como o lixo que ocupa muito espaço ou está começando a cheirar mal é imediatamente convertido em refugo pela esposa da pessoa, esse excelente instrumento darwinista".

A ideia condensada: Genomas estão cheios de lixo inofensivo

15 Epigenética

Embora a maioria das instruções biológicas esteja codificada nas sequências de DNA, algumas são transportadas por etiquetas químicas adicionadas ao material genético e a suas proteínas. Essas marcas epigenéticas são um registro de ambientes e experiências passados e revelam como as características adquiridas durante a vida podem ser herdadas.

Em 1809, o naturalista francês Jean-Baptiste Lamarck propôs uma das primeiras teorias da evolução, sugerindo que a mudança no ambiente impulsiona a evolução das espécies. Até aí, tudo bem, mas ele também alegou que partes do corpo poderiam ser fortalecidas por meio do uso continuado, enquanto a negligência as deterioraria, e que essa melhora ou deterioração durante a vida era passada de pai para filho – a chamada herança de características adquiridas. A teoria de Lamarck foi derrubada em um experimento, em 1889, de August Weismann: o biólogo alemão cortou as caudas de mais de novecentos camundongos ao longo de cinco gerações e descobriu que os filhotes ainda nasciam intactos. A genética do século XX mostrou que as instruções biológicas são armazenadas no DNA, mas a descoberta de outros mecanismos de herança reviveu as ideias de Lamarck.

Instruções herdadas Em 1942, o biólogo britânico Conrad Hal Waddington sugeriu que a mecânica do desenvolvimento, à época misteriosa, era controlada pela "epigenética" (do grego, "acima da genética"). Os cientistas concordam que esse processo envolve uma célula-mãe que transmite instruções para as células-filhas durante a divisão, mas não há uma definição consensual. A proposição mais comum foi feita em 1996 pelo geneticista norte-americano Arthur Riggs, que definiu a epigenética como as "mudanças hereditárias na função do gene que não podem ser explicadas por mudanças na sequência do DNA".

As primeiras percepções sobre a epigenética vieram das diferenças entre os cromossomos sexuais em mamíferos. Enquanto estudava ratos fêmeas em

linha do tempo

1809
Lamarck propõe hereditariedade de características adquiridas no *Philosophie zoologique*

1889
Experiências de Weismann fornecem provas contra a "hereditariedade leve" de Lamarck

1942
Waddington discute a hereditariedade no desenvolvimento e cunha o termo "epigenética"

1959, o geneticista japonês Susumu Ohno observou que um de seus dois cromossomos X parece compacto e condensado, sugerindo que não é usado pelas células. Em 1961, a geneticista britânica Mary Lyon sugeriu que isso poderia explicar os padrões de cor na pelagem do rato, que são determinados por genes vinculados ao X. Lyon propôs que a ação dos genes em um cromossomo X é bloqueada – essa "desativação de X" ou "lyonização" ajuda a explicar por que as fêmeas XX não produzem uma dosagem dupla de proteínas vinculada ao X em comparação com os machos XY.

> **"Quaisquer que sejam as dificuldades que surjam na descoberta de verdades na natureza, ainda há maiores dificuldades em reconhecê-las."**
>
> **Jean-Baptiste Lamarck**

***Software* celular** As células são como *hardware* de computador, o DNA é o sistema operacional e a epigenética fornece o *software*. A maior parte da programação epigenética consiste em modificações químicas ou "marcas epigenéticas" que escondem sequências de DNA do maquinário de leitura de genes da célula. Conforme sugerido de modo independente por Arthur Riggs e Robin Holliday em 1975, um mecanismo de programação é a adição de grupos metil ao DNA, desativando genes.

A metilação do DNA age como uma manta química que abafa a atividade genética. Outros programas epigenéticos escondem sequências de DNA sem modificar o material genético em si. Por exemplo, a desativação de X usa moléculas de RNA não codificadoras de "XIST" para encobrir o cromossomo. Outro mecanismo modifica as proteínas gigantes chamadas histonas: filamentos de DNA são enrolados em torno de histonas como um fio enrolado em várias bobinas, chamados coletivamente de cromatina. As marcas epigenéticas nas histonas fazem com que o DNA enrole ou desenrole, de modo que a cromatina é "fechada" ou "aberta", e os genes podem ser lidos. Finalmente, os fatores de transcrição são proteínas que determinam as características e o comportamento de uma célula, unindo-se aos interruptores de controle de DNA e ligando e desligando genes. A programação com fatores de transcrição está mais próxima da definição de "epigenética" de Conrad Hal Waddington durante o desenvolvimento.

Marcas epigenéticas podem ser eliminadas do genoma por meio de um processo de reprogramação, o qual deixa o embrião em uma placa em branco

1961	1975	2001
Lyon sugere que fêmeas de mamíferos desativam um de seus dois cromossomos X	Riggs e Holliday sugerem que a metilação do DNA controla a expressão gênica	Pesquisadores demonstram que a expectativa de vida humana é influenciada pela oferta de comida de um avô

Efeitos parentais

Fatores ambientais como dieta e estresse podem desencadear mudanças (estrelas, na ilustração) que adicionam modificações químicas ao DNA ou às proteínas. Nos mamíferos, essas marcas epigenéticas podem ser herdadas ao longo de várias gerações. Em fêmeas prenhas (superior esquerdo), um fator afeta sua prole (F1) e, se o embrião já carrega células reprodutivas, a geração subsequente (F2) também. Nos machos (superior direito), as alterações são transmitidas no DNA do esperma. A maioria das marcas epigenéticas é apagada pela reprogramação durante o desenvolvimento, mas algumas permanecem.

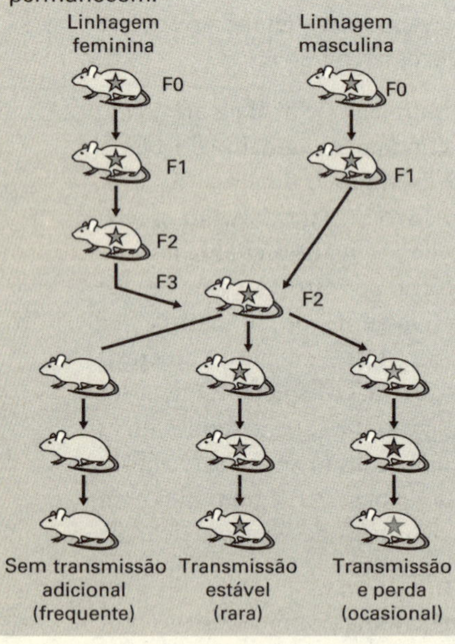

onde as células-tronco podem formar qualquer tecido. Nos mamíferos, as marcas são apagadas em duas ondas: após a fertilização e durante a embriogênese. A reprogramação pós-fecundação limpa a maioria das marcas, exceto aquelas adicionadas ao espermatozoide ou ao óvulo na impressão genômica – semelhante à exclusão de todos os programas de um computador e, em seguida, à instalação de alguns aplicativos essenciais. A segunda onda, no embrião, é um processo de eliminação completo que reinstala o sistema operacional da célula, deixando a máquina com suas configurações de fábrica.

Exposição ambiental Gestantes evitam toxinas como o álcool e certos alimentos para resguardar o bebê no útero, enquanto o fumo por parte de pais jovens aumenta o peso corporal dos filhos. A exposição a fatores como hormônios e estresse afeta a saúde de seus futuros filhos – não porque desencadeiam mutações genéticas, mas porque adicionam marcas químicas ao DNA de um embrião: "epimutações". Os efeitos dos pais se estendem por gerações, revelando que "você é o que seus avós comeram". Durante a fome holandesa de 1944, mulheres grávidas expostas à má nutrição geraram crianças com baixa tolerância à glicose, enquanto seus netos nasceram com gordura corporal extra e desenvolveram saúde geral precária mais tarde. Desde 2001, Lars Olov Bygren e Marcus Pembrey usam dados de Överkalix, no norte da Suécia, para comparar a longevidade e as causas de morte com registros históricos de colheitas e fornecimento de alimentos. Eles descobriram que a mortalidade em homens é influenciada pela nutrição de seu avô paterno em meados da infância, enquanto a mortalidade em mulheres é afetada pela dieta de suas avós paternas, sugerindo uma ligação com marcas epigenéticas em cromossomos sexuais.

Hereditariedade leve A programação epigenética de longo prazo em mamíferos é limitada, porque praticamente todas as marcas químicas são apagadas durante a reprogramação de embriões. Assim, os efeitos parentais causados por fatores ambientais duram apenas uma ou duas gerações – a chamada hereditariedade "intergeracional". A hereditariedade "transgeracional" mais duradoura é rara em animais, sendo os nematoides uma rara exceção: a impressão epigenética de um odor atraente pode ser transmitida ao longo de quarenta gerações. Mudanças permanentes no DNA podem ser consideradas "hereditariedade pesada", enquanto a programação epigenética temporária é tida como "hereditariedade leve".

A hereditariedade leve é relativamente comum em plantas floríferas, pois há pouca reprogramação, e um embrião é formado principalmente a partir de células do corpo da mãe, e não de um óvulo reprogramado. As marcas epigenéticas também têm sido transmitidas ao longo de centenas de anos: em 1744, o naturalista sueco Carl Linnaeus descreveu uma flor boca-de-leão "monstro" com simetria radial em vez de bilateral e, em 1999, o biólogo botânico Enrico Coen descobriu que isso é causado por uma epimutação. Então, no final das contas, parece que Lamarck não estava completamente errado sobre a hereditariedade.

Impressão genômica

Antes de você nascer, seus pais deixaram sua marca em seu DNA, na forma de impressões epigenéticas que desativaram partes do seu genoma. Um exemplo é o fator de crescimento semelhante à insulina 2 (IGF2), um hormônio que ajuda a produzir filhos grandes: pais adicionam grupos metil ao gene que codifica seu receptor IGF2 correspondente no DNA do esperma, deixando o próprio IGF2 intocado, enquanto as mães, por conta da metilação do DNA no gene IGF2 nos óvulos, deixa o receptor ativo. Essa "impressão genômica" evoluiu devido ao conflito de interesses entre machos e fêmeas sobre como recursos limitados, como nutrientes, deveriam ser gastos em descendentes crescentes: o pai quer inserir tudo em nova progênie, enquanto a mãe prefere alocar recursos igualmente entre seus filhos, poupando um pouco para os futuros rebentos. Nos mamíferos, a batalha pela custódia do DNA deixou cada sexo com controle exclusivo de cerca de cem genes, que agora precisam ser impressos com marcas epigenéticas para o desenvolvimento embrionário normal. Em humanos, a não impressão da cópia materna do IGF2 resulta em uma dose dupla de proteínas, levando à síndrome de Beckwith-Wiedemann, um bebê maior, com problemas de saúde, que precisa de acompanhamento médico.

A ideia condensada: Sequências de DNA não carregam toda a informação herdada

16 O fenótipo

O genótipo, combinação de variações genéticas de um indivíduo, controla todos os recursos, da bioquímica invisível ao tamanho do corpo. Mas a manifestação física do genótipo – o fenótipo – não é simplesmente determinada pelo DNA, mas por complexas interações entre os genes e o ambiente.

A relação entre nossos genes e nossas características interna e externamente visíveis é frequentemente simplificada. Muitas vezes falamos de forma vaga sobre o gene "de" uma característica como a cor dos olhos, embora, na realidade, a maioria das características seja controlada por múltiplos genes. Cada gene também tem um genótipo – uma combinação de variações ou alelos –, e você pode herdar versões diferentes de seus pais. A relação entre um par de alelos em geral bloqueia a expressão de uma cópia, de modo que sua influência não é exibida no fenótipo resultante. Mas devemos também considerar a influência do ambiente.

Variação individual A seleção natural não consegue "ver" um genótipo, apenas seus efeitos sobre o fenótipo. Em 1859, Darwin chamou a diversidade fenotípica dentro de uma população de "variabilidade individual" e, nos anos 1930, a teoria da seleção natural foi combinada com a genética de Mendel em uma "síntese evolutiva moderna". Diferentes fenótipos poderiam então ser estudados pelos vários genótipos ou "polimorfismos genéticos". No entanto, em 1963, o biólogo Ernst Mayr afirmou que as populações podem conter vários fenótipos, "sendo que as diferenças entre eles não são o resultado de diferenças genéticas". Mayr chamou essa variação de "polifenismo".

O polifenismo é causado por fatores ambientais. A contribuição dos genes (G) e do ambiente (A) é representada em uma equação simples para a variância (V) em um dado fenótipo (F) dentro de uma população:

$$V_F = V_G + V_A + V_{G \times A}$$

linha do tempo

1859
Darwin descreve a seleção natural na variação individual em seu livro *A origem das espécies*

1865
A relação entre genótipo e fenótipo é descoberta nas plantas de ervilha de Mendel

Anos 1930
A seleção darwiniana e a genética mendeliana são combinadas na "síntese evolutiva moderna"

Para uma característica como a cor da semente das plantas de ervilha, conforme estudado por Mendel, a diversidade fenotípica depende principalmente da variação genética (V_G). Se o ambiente (V_A) desempenha um papel, temos aí o polifenismo. E, se houver interação gene-ambiente forte ($V_{G \times A}$), ocorrem vários fenótipos.

> **"Entre genótipo e fenótipo, e conectando-os uns aos outros, existe um complexo de processo de desenvolvimento."**
>
> **Conrad Hal Waddington**

Fenótipos flexíveis Certas características são facilmente moldadas pelo ambiente – o fenótipo é flexível ou "plástico" porque seu genótipo reage a uma série de condições externas. Em algumas espécies, o gênero é determinado pelo ambiente. Para répteis, como crocodilos e tartarugas, por exemplo, essa "determinação ambiental de sexo" é ditada pela temperatura, uma adaptação que ajusta as proporções sexuais para aumentar as chances de acasalamento. A plasticidade pode evoluir para corresponder a mudanças ambientais previsíveis, como na borboleta *Bicyclus anynana*, que intercala entre dois fenótipos ao longo de gerações alternadas, de modo que os adultos são adaptados tanto à estação úmida quanto à seca. Em ambientes imprevisíveis, a plasticidade pode ajudar os organismos a explorar os recursos disponíveis: os girinos de uma espécie de sapo mexicano têm dois fenótipos com diferentes mandíbulas, sistemas digestivos e preferências alimentares.

É mais comum que o fenótipo plástico de um indivíduo seja determinado durante o desenvolvimento e, muitas vezes, influenciado pela população. Formigas, abelhas e cupins têm operários e rainhas com papéis diferentes na sociedade de insetos, e um indivíduo recebe uma casta de acordo com a nutrição no estágio larval. A plasticidade fenotípica também pode ditar o destino dos indivíduos ao longo de várias gerações, como no caso do gafanhoto *Schistocerca gregaria*, que tem dois fenótipos adultos: um inseto solitário, sedentário e com asas curtas; e uma forma gregária, migratória, de asas longas. A dica inicial para seguir um caminho fenotípico é o apinhamento entre insetos jovens: a frequência com que suas pernas traseiras são tocadas controla os hormônios que provocam a metamorfose em um dos dois fenótipos. A forma migratória persiste por várias gerações após o estímulo original da fricção da perna através de outra sugestão: produtos químicos na espuma

1942	1963	Anos 2000
Waddington discute o papel da epigenética e do fenótipo no desenvolvimento animal	Mayr inventa o termo "polifenismo" para denominar vários fenótipos de um único genótipo	Plasticidade fenotípica e epigenética sugerem uma "síntese evolutiva estendida"

que envolve os ovos. Isso não altera o DNA, então o fenótipo é herdado através da epigenética.

A plasticidade fenotípica pode ser útil na vida de um indivíduo para "adaptação fisiológica". Mamíferos desenvolvem pelagem mais grossa no inverno, por exemplo, e a imunidade adaptativa ajuda a evitar a reinfecção por patógenos. Alpinistas humanos se adaptam a uma atmosfera mais rarefeita por meio da aclimatação, à medida que seus glóbulos vermelhos se alteram para transportar mais oxigênio. Conexões flexíveis entre as células nervosas – plasticidade sináptica – baseiam a aprendizagem, a memória e adaptação comportamental.

Meio ambiente e evolução Em 1896, o psicólogo norte-americano James Baldwin sugeriu que a capacidade de um indivíduo de aprender novos comportamentos leva a fenótipos sensíveis a fatores ambientais – o "efeito Baldwin". Então, em 1942, o biólogo britânico Conrad Hal Waddington propôs que a sensibilidade pode ser reduzida por meio da "canalização", abrandando uma característica biológica contra a influência ambiental durante o desenvolvimento. Waddington também apontou que um efeito oposto permite que fatores ambientais afetem características herdadas ou a epigenética.

Como a plasticidade fenotípica evolui? Uma teoria compreende a acomodação genética: com o tempo, o genótipo se ajusta para acomodar mudanças ambientais, fortalecendo ou enfraquecendo seu controle sobre o fenótipo. Um novo fenótipo é criado por meio de mutação genética ou sensibilidade à mudança ambiental, e, assim que a seleção natural consegue "ver" o efeito do genótipo subjacente, ele é exposto à sobrevivência do mais apto: se o fenótipo melhorar a aptidão de um indivíduo, esses genes se espalham pela população.

A síntese estendida De acordo com a "síntese evolutiva moderna", um ambiente apresenta problemas para os organismos, e os genes fornecem as soluções para a adaptação. Simplificando: o ambiente propõe, a genética dispõe. No entanto, um número crescente de cientistas argumenta que, assim como a genética foi adicionada à seleção natural para produzir a síntese moderna, a teoria central da biologia também deveria incluir as interações entre genes e ambiente – fenômenos como epigenética e plasticidade fenotípica – para criar uma "síntese evolutiva estendida".

Essa visão tem sido promovida em alguns livros muito conhecidos, mas nem todos os especialistas concordam que a teoria evolucionista precisa ser atualizada. Um contra-argumento é que as mutações genéticas criam maior variação entre os indivíduos, e o fenótipo é o resultado final de um genótipo: os genes conduzem a evolução. Por outro lado, a seleção natural não consegue enxergar genótipos diretamente, apenas seus efeitos sobre o fenótipo, então seria possível dizer que os genes estão sendo carregados por aí. Os genes são "líderes" ou "seguidores" na evolução? Como "natureza *versus* criação", as duas opções talvez não sejam mutuamente exclusivas.

O fenótipo estendido

A manifestação física dos genes geralmente é interpretada como características biológicas. No entanto, Richard Dawkins, autor de *O gene egoísta*, acredita que o fenótipo pode também ser aplicado a uma característica além do corpo de um organismo, em seu ambiente. Em seu livro de 1982, *The Extended Phenotype* [O fenótipo estendido], Dawkins afirma que, como a capacidade de construir estruturas como o ninho de um pássaro ou uma represa de castores é determinada por genes (digamos, de destreza) e influencia a aptidão de um indivíduo, a seleção natural também pode agir nesses "fenótipos". Assim como a sobrevivência do mais apto escolhe entre os melhores genes por seu efeito em características biológicas como beleza ou força, um castor com bons "genes construtores de barragens" tem maior probabilidade de sobreviver. Os fenótipos podem também se estender a outros organismos; portanto, genes que permitem que um parasita mude o comportamento de seu hospedeiro têm suas disseminações favorecidas pela seleção. Como a visão da evolução centrada no gene ou "gene egoísta", o "fenótipo estendido" não é uma teoria, mas uma maneira de olhar a vida por uma determinada perspectiva. Embora *O gene egoísta* tenha popularizado o trabalho de outros cientistas, o conceito de Dawkins de fenótipo estendido é sua contribuição para a biologia evolutiva.

A ideia condensada: As características físicas são determinadas pelos genes e pelo ambiente

17 Endossimbiose

Certa vez, uma bactéria livre se viu dentro de uma célula hospedeira, e o par começou uma relação que evoluiu para o casamento. Então, a bactéria perdeu seu estilo de vida independente e a maior parte de seus pertences. Esse cenário fantástico aconteceu diversas vezes durante a origem da célula eucarionte.

A célula eucarionte é uma estrutura complexa – o DNA é encapsulado pelo núcleo, então a divisão celular exige o processo multifásico da mitose. Ela contém a mitocôndria, dedicada à respiração, e plastídios em organismos fotossintéticos. Até meados do século XX, parecia improvável que essas duas últimas estruturas tivessem evoluído a partir de bactérias – então chegou Lynn Margulis para defender a teoria. Em 1966, a bióloga norte-americana coletou provas da fisiologia e da bioquímica que mostravam semelhanças entre as bactérias e as estruturas dentro das células eucariontes. Depois de ser rejeitado por mais de uma dúzia de revistas científicas, seu trabalho "The Origin of Mitosing Cells" [A origem das células de mitose] foi aceito pelo *Journal of Theoretical Biology* um ano depois. Ela recebeu oitocentos pedidos de reimpressão.

A teoria endossimbiótica Enquanto parasitas intracelulares, como os vírus, são invasores indesejáveis, a endossimbiose (do grego "dentro" e "viver com") é a coexistência relativamente pacífica de um organismo dentro de outro. Em 1905, Konstantin Mereschkowski, um biólogo russo que estudou o líquen (uma simbiose entre fungos e algas fotossintéticas ou bactérias), propôs que os cloroplastos evoluíram de um endossimbionte. O biólogo norte-americano Ivan Wallin sugeriu uma origem similar para as mitocôndrias em 1923.

A ideia de que certas organelas eucariontes – mitocôndrias e plastídios – se originaram de outros organismos foi sugerida pela primeira vez por biólogos alemães. Em um estudo de 1883, no qual cunhou o termo "cloroplasto", o botânico Andreas Schimper disse que as plantas verdes "devem sua origem

linha do tempo

1883	1890	1905
Schimper sugere que os cloroplastos das células das plantas vêm de bactérias	Altmann descreve as mitocôndrias como "organismos elementares" que vivem dentro das células	Mereschkowski propõe a origem dos plastídios por relação simbiótica

à união de um organismo incolor com um uniformemente manchado de clorofila". Então, em 1890, Richard Altmann notou que estruturas que ele denominou "bioblastos" eram onipresentes em grandes células e se assemelhavam a bactérias, sugerindo que eram "organismos elementares" com funções vitais. Os bioblastos são as mitocôndrias.

Várias características corroboram a ideia de que mitocôndrias e plastídios evoluíram a partir de bactérias. Eles têm tamanhos e formas semelhantes, por exemplo, e se dividem por fissão binária simples, não por mitose. Durante décadas, a endossimbiose não foi levada a sério. As perspectivas começaram a mudar em 1962, depois que os biólogos Hans Ris e Walter Plaut observaram a alga verde *Chlamydomonas* sob um microscópio eletrônico. Os corantes que tingiam o material genético eram visíveis nos cloroplastos, e as enzimas que digerem o DNA fizeram com que a cor desaparecesse. Usando técnicas semelhantes em 1963, Margit e Sylvan Nass mostraram que fibras misteriosas nas mitocôndrias contêm DNA. Depois que publicou seu artigo de 1967, Lynn Margulis expandiu as provas em um livro de 1970, *Origin of Eukaryotic Cells* [A origem das células eucariontes].

"A célula eucarionte é o resultado da evolução de antigas simbioses."

Lynn Margulis

A prova definitiva veio dos genes. Antes da década de 1980, havia várias teorias para a origem de organelas, como dobramento para dentro da membrana celular ou brotamento do núcleo. Essas teorias previam que, se as organelas tivessem uma origem interna, seus genes deveriam ser mais semelhantes aos do núcleo do que ao material genético das bactérias de vida livre. Em 1975, os bioquímicos norte-americanos Linda Bonen e W. Ford Doolittle descobriram que as sequências genéticas de cloroplastos da alga vermelha *Porphyridium* se assemelhavam ao material de procariontes chamados cianobactérias. Comparações genéticas posteriores revelaram que as mitocôndrias são descendentes de alfa-proteobactérias.

Mitocôndria Na maioria das células eucariontes, as mitocôndrias geram a molécula transportadora de energia ATP usando oxigênio para queimar carboidratos por meio da respiração aeróbica. Como cada ramo eucarionte da árvore da vida tem algum tipo de mitocôndria, diferentes tipos provavelmente descendem de uma bactéria e se adaptam ao ambiente

1923
Wallin propõe a origem das mitocôndrias por relação simbiótica

1967
Margulis coleta provas na teoria endossimbiótica para explicar a origem de organelas

Anos 1970
Comparações genéticas provam que as organelas descendem de bactérias

A origem das organelas

As mitocôndrias evoluíram de uma bactéria que foi engolida pelo último ancestral comum eucarionte (last eukaryotic common ancestor, Leca), uma célula maior que mais tarde ganhou um núcleo. Os plastídios originam-se de pelo menos dois eventos simbióticos: um criou plastídios primários, como os cloroplastos em plantas verdes, enquanto os plastídios secundários vieram de um eucarionte engolfando outro.

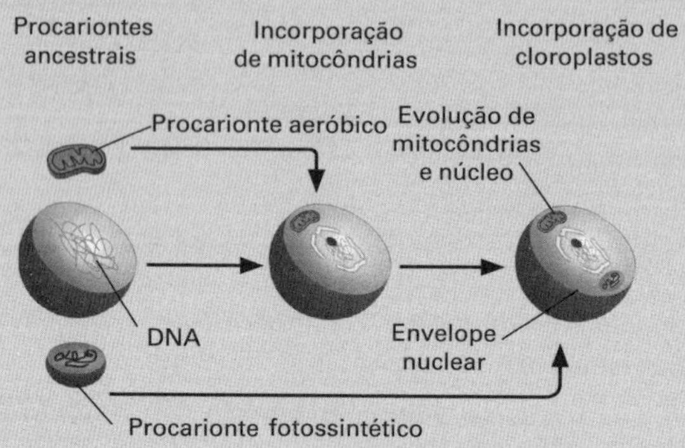

do hospedeiro. Ao comparar os genes envolvidos no metabolismo energético de várias proteobactérias, pesquisadores italianos dizem que os parentes vivos mais próximos são os "metilotróficos", bactérias cuja membrana externa se parece com as dobras internas das mitocôndrias, as cristas, onde a energia é gerada.

Segundo o biólogo evolucionista norte-americano William Martin, a relação simbiótica inicial forneceu à célula hospedeira uma fonte de hidrogênio para gerar energia, após a qual o último ancestral comum eucarionte acabou gerando muito mais energia do que os procariontes podem produzir. Martin e o bioquímico britânico Nick Lane dizem que essa energia extra permitiu que os eucariontes adicionassem genes ao seu genoma, capacitando-os a formar células complexas. Se essa hipótese for verdadeira, a aquisição de mitocôndrias foi o passo crucial no caminho para as células eucariontes – antes de ganhar sua característica definidora, o núcleo, cerca de 1,5 bilhão de anos atrás.

Plastídios Os plastídios produzem carboidratos usando pigmentos para capturar a luz. Existem dois tipos: plastídios primários, com duas membranas (que incluem os famosos cloroplastos verdes das plantas) e plastídios secundários, com três ou quatro membranas. As membranas duplas dos plastídios primários (e mitocôndrias) têm diferentes composições moleculares: a interna assemelha-se a uma membrana bacteriana; o exterior é como a superfície de uma célula eucarionte, o que é coerente com a hipótese de uma cianobactéria sendo engolida por uma bolha formada a partir da membrana do hospedeiro, cerca de 1,2 bilhão de anos atrás.

Os plastídios primários evoluíram com seus hospedeiros em três ramos da árvore da vida fotossintética: algas de água doce (glaucófitas), algas vermelhas (rodófitas) e "plantas" (algas verdes e plantas terrestres). Como os plastídios secundários têm três ou quatro membranas, provavelmente se originaram como células fotossintetizadoras que foram engolidas por outro eucarionte antes de serem reduzidas a um plastídio, com as membranas extras vindo do novo hospedeiro. Essa endossimbiose secundária ocorreu pelo menos três vezes: duas vezes em plantas verdes e uma vez ou mais entre algas vermelhas.

Eva mitocondrial

A maioria das células eucariontes contém dois genomas, um no núcleo e outro nas mitocôndrias (as células fotossintéticas também possuem o DNA plastidial). Nas espécies que se reproduzem sexualmente, os espermatozoides carregam o DNA do núcleo masculino, mas os óvulos contêm DNA do núcleo feminino e da mitocôndria. Em humanos, isso significa que o DNA mitocondrial (DNAmt) é passado de mãe para filha em uma linha materna ininterrupta. Em 1987, o geneticista Allan Wilson publicou um estudo que comparou o DNAmt de 145 pessoas de cinco populações geográficas, demonstrando que eram descendentes de um único indivíduo que provavelmente viveu na África há cerca de 200 mil anos. A imprensa chamou-a de "Eva mitocondrial" (Wilson preferia "mãe sortuda"). A Eva mitocondrial é o mais recente ancestral comum de todos os que estão vivos hoje, mas, ao contrário da Eva da Bíblia, não foi a primeira mulher – outras mulheres estavam vivas na época, mas não deixaram descendentes vivos. Atualmente, o DNAmt pode ser usado em testes genéticos para reconstruir a ancestralidade de uma pessoa. As mitocôndrias que acionam a mobilidade dos espermatozoides podem entrar em um óvulo durante a fertilização, mas geralmente são quebradas, de modo que a herança paterna do DNAmt é rara.

A ideia condensada: Células eucariontes contêm descendentes de bactérias simbióticas

18 Respiração

As células "respiram" para gerar energia, alimentando todas as reações metabólicas que sustentam a vida. Na respiração aeróbica, o oxigênio é usado para queimar carboidratos, um processo que produz tanta energia que os bioquímicos não conseguiam explicar como funcionava. Até Peter Mitchell propor uma ideia nova e radical.

A respiração aeróbica é, às vezes, descrita como um processo fisiológico, o transporte de oxigênio (do ar ou da água) para as células, com o dióxido de carbono tomando outro rumo, combinando trocas gasosas com a circulação. No entanto, essa é uma maneira estranha de analisar a respiração, pois ignora o *propósito* da respiração, como dizer que o objetivo de uma bateria é se manter carregada. Organismos respiram para gerar energia. Respirar é um processo celular, e a maneira como funciona é conhecida desde que Peter Mitchell propôs sua teoria quimiosmótica há mais de cinquenta anos.

Como muitas ideias revolucionárias, a quimiosmose foi inicialmente contestada pela comunidade científica. Provavelmente não ajudou muito o fato de o excêntrico Mitchell logo ter deixado a academia formal para trabalhar em um laboratório bioquímico que construíra enquanto reformava uma casa na Cornualha, no sudoeste da Inglaterra. No entanto, sua visão obstinada foi finalmente reconhecida em 1978, quando ganhou um Prêmio Nobel.

Gerando energia A respiração aeróbica usa oxigênio para queimar alimentos e produzir o ATP (trifosfato de adenosina), molécula transportadora de energia. Com base apenas nas reações, esse processo, conhecido como fosforilação oxidativa, produz uma quantidade inesperadamente grande de ATP. Nos anos 1940, os bioquímicos acreditavam que as equações químicas tinham de ser equilibradas (uma técnica chamada estequiometria). No entanto, quando a proporção de ATP produzida por molécula de oxigênio foi medida, ela revelou ser algo em torno de 2,5, incompatível com as quantidades totais esperadas.

linha do tempo

1896	1929	1937
A fermentação é realizada fora das células por Buchner	Lohmann isola a molécula transportadora de energia ATP	Krebs revela reações do ciclo do ácido cítrico

O ATP foi isolado dos extratos musculares e hepáticos pelo químico alemão Karl Lohmann em 1929, e sua estrutura – um bloco construtor de DNA mais três grupos fosfato – foi comprovada pelo químico britânico Alexander Todd em 1948. Entre essas duas datas, Fritz Lipmann propôs que o ATP é um transportador de energia universal graças às "ligações de fosfato ricas em energia". Enzimas que catalisam reações geralmente funcionam como proteínas que funcionam com fichas: o ATP é inserido em uma abertura e então liberado como difosfato de adenosina (ADP), que às vezes deixa o fosfato (P) para trás. O ATP paga a proteína para executar uma tarefa metabólica, como transportar uma molécula através de uma membrana. O ATP é usado em tantas transações bioquímicas que é conhecido como a "moeda energética" das células.

Os alimentos são baseados em carboidratos – moléculas que contêm carbono, hidrogênio e oxigênio –, e a digestão decompõe os açúcares complexos, gorduras e proteínas em moléculas mais simples para três vias bioquímicas que geram moléculas portadoras de energia como o ATP. A primeira via, a glicólise, ocorre no citoplasma da célula e não requer oxigênio. Começa com glicose (um açúcar de seis carbonos) e termina com duas moléculas de piruvato (três carbonos). Em células complexas, a fosforilação oxidativa também ocorre dentro da mitocôndria, usando uma via circular conhecida como o ciclo de Krebs (em homenagem a Hans Krebs, que elaborou suas reações em 1937).

> **"Não só o metabolismo pode ser a causa do transporte, mas o transporte pode ser a causa do metabolismo."**
> **Peter Mitchell**

A maior parte do ATP, entretanto, é produzida pela terceira via bioquímica: uma cadeia de transporte de elétrons na membrana interna das mitocôndrias (ou na superfície celular das bactérias). As duas primeiras vias têm reações exatas e estequiometria. Nos anos 1940, não havia motivo para suspeitar que a cadeia de transporte de elétrons fosse diferente, porém os bioquímicos se enganaram: a cadeia produzia tipicamente menos moléculas de ATP do que o previsto. Enquanto a maioria tentava encontrar reações intermediárias para produzir ATP extra, Peter Mitchell percebeu que a respiração aeróbica não era simplesmente química, mas biologia.

Gradientes de prótons Uma cadeia de transporte de elétrons envolve elétrons passando de uma molécula de proteína para outra ao longo de uma

1946
Lipmann isola coenzima A, usada no ciclo de Krebs

1961
Mitchell propõe a teoria do acoplamento quimiosmótico

1964
Boyer descreve como a ATP sintase muda de forma

Respiração anaeróbica

Durante a respiração aeróbica, a glicólise divide os alimentos em moléculas de piruvato que entram no ciclo de Krebs para produzir grandes quantidades de ATP. Mas, se o oxigênio não estiver presente, a glicólise deve ser a principal fonte de ATP da célula. Isso ocorre em músculos sobrecarregados e em organismos anaeróbicos. O piruvato criado pela glicólise torna-se um produto residual, que é convertido em outras moléculas, como lactato nos músculos ou etanol e dióxido de carbono na levedura. O homem tem aproveitado o último processo anaeróbico, a fermentação, para preparar e assar pão desde a Idade da Pedra. Em meados do século XIX, cientistas demonstraram que a fermentação é realizada pelas células. O microbiologista francês Louis Pasteur mostrou que as bactérias azedam o leite, por exemplo, o que levou à pasteurização. O químico alemão Eduard Buchner realizou fermentação alcoólica usando, em 1896, extratos de células de levedura, a primeira vez que um complexo processo bioquímico foi demonstrado fora de células vivas. Pesquisadores como Gustav Embden e Otto Meyerhof estudaram as reações individuais e enzimas em cada etapa, de modo que, em 1940, era conhecida a via completa da glicólise. Ao longo do caminho, um membro do laboratório de Meyerhof, Karl Lohmann, isolou o ATP, a molécula portadora de energia.

membrana. Isso ocorre várias vezes antes que um "receptor de elétrons" final – oxigênio – encerre a cadeia. É por isso que a respiração aeróbica requer oxigênio. Mitchell propôs que o transporte de moléculas através da membrana também poderia ser acoplado às reações metabólicas que produzem ATP e sugeriu um processo semelhante à osmose – o fluxo líquido de um elemento químico em um gradiente de concentração na direção do lado mais diluído de uma membrana. Em sua teoria de "acoplamento quimiosmótico", esse elemento químico é um íon de hidrogênio (H^+).

Quimiosmose

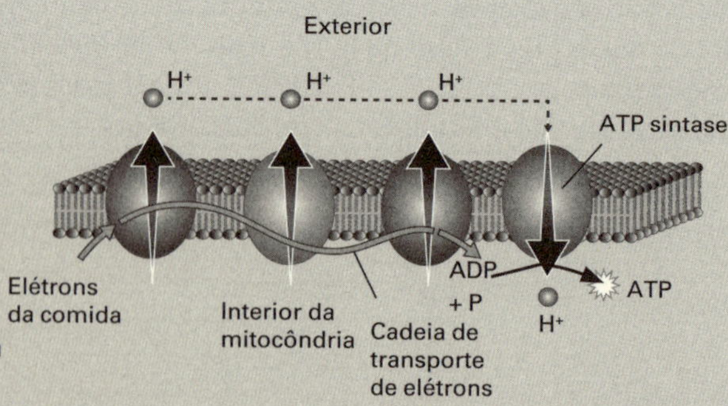

As proteínas da membrana são alimentadas por uma cadeia de transporte de elétrons que lhes permite transportar prótons (íons de hidrogênio, H+) do interior de uma mitocôndria para o exterior. Uma diferença na concentração de prótons que passam pela membrana faz com que eles fluam gradiente "abaixo" pela membrana por meio da enzima ATP sintase, uma máquina molecular que realiza a reação metabólica de gerar a molécula portadora de energia ATP.

A quimiosmose, portanto, funciona como uma represa hidrelétrica, onde a pressão mais alta de um lado força a água através de turbinas que captam energia do movimento. Na teoria de Mitchell, as proteínas na membrana – a "barragem" – são alimentadas pela cadeia de transporte de elétrons, permitindo bombear prótons para o lado de fora da mitocôndria e criar uma "força motriz de prótons", que transforma a membrana em uma bateria. Em 1965, Mitchell e Jennifer Moyle, a única colega em seu laboratório rural, apoiaram a teoria, medindo a diferença no pH (concentração de H^+) entre o interior e o exterior da mitocôndria. Enquanto isso, outros pesquisadores descobriram a "turbina" do sistema – uma enzima chamada ATP sintase.

Em 1964, o bioquímico norte-americano Paul Boyer havia proposto que essa enzima funcionava mudando de forma e, em 1994, o cientista britânico John Walker confirmou a estrutura envolvida. Na mesma época, outros pesquisadores mostraram que metade da ATP sintase lembra uma roda-d'água: o fluxo de prótons passando através da roda cria movimento. Enquanto esse motor molecular gira e altera a forma da enzima, os locais de ligação são repetidamente expostos a reações catalíticas que geram ATP. A respiração aeróbica transforma a membrana em uma máquina caça-níqueis sortuda: se inserirmos algumas moedas (na forma de elétrons para bombear prótons), ganharemos um montão de ATP todas as vezes.

A ideia condensada: A vida é abastecida pelo fluxo de prótons por meio das membranas celulares

19 Fotossíntese

A grande maioria da vida na Terra é alimentada pelo Sol, graças aos organismos que produzem carboidratos usando dióxido de carbono e luz solar. Suas células fotossintéticas também liberam oxigênio, o que é vital para a queima de carboidratos ricos em energia que abastecem o metabolismo.

Três bilhões de anos atrás era um bom momento para ser um quimioautótrofo. A atmosfera da Terra estava cheia de gases de efeito estufa, como o dióxido de carbono, e os organismos quimioautotróficos produziam alimentos capturando a energia liberada em reações químicas. Então, vieram os primeiros fotoautótrofos. Flutuando na superfície do oceano, banhados pela luz solar, esses pioneiros movidos a energia solar produziam carboidratos depois de retirar CO_2 do ar. Mas eles também liberavam oxigênio. O que aconteceu depois foi um dos grandes eventos da história da vida ou um desastre natural pior do que qualquer extinção em massa. O Grande Evento de Oxigenação – ou Catástrofe de Oxigênio, dependendo do seu ponto de vista – ocorreu há cerca de 2,3 bilhões de anos e arruinou tudo para os microrganismos quimicamente alimentados. O oxigênio é um elemento sociável que forma prontamente ligações com outras moléculas, tornando-o tóxico para quimioautótrofos. Ao envenenar sua concorrência, os fotoautótrofos gradualmente alteraram a composição do ar, que hoje contém 21% de oxigênio. A fotossíntese literalmente mudou o mundo.

O ciclo de carbono Atualmente, o oxigênio é vital para a maior parte da vida na Terra. Sua importância foi demonstrada por seu descobridor, o clérigo e químico inglês Joseph Priestley, que, em 1771, demonstrou que um raminho de hortelã em uma jarra invertida "restauraria o ar que havia sido prejudicado pela queima de velas". Em 1779, o médico holandês Jan Ingenhousz demonstrou que folhas e caules verdes só produzem oxigênio na luz, e, em 1782, o pastor e botânico suíço Jean Senebier sugeriu que as plantas absorvem dióxido de carbono e água para produzir matéria orgânica. Essas observações do século XVIII fornecem a fórmula básica para a fotossíntese:

linha do tempo

1771
Priestley demonstra que o ar respirado por animais é restaurado por plantas

1779
Ingenhousz mostra que as partes verdes das plantas produzem oxigênio sob luz solar

1782
Senebier sugere que as plantas absorvem CO_2 e água para produzir matéria orgânica

$$\text{luz} + 2H_2O + CO_2 \rightarrow 2O + CH_2O + H_2O.$$

O CH_2O nessa equação representa carboidratos – moléculas ricas em energia, como açúcares, que a maioria dos organismos usa para abastecer o metabolismo. Os fotoautótrofos fornecem carboidratos aos heterótrofos, organismos que não conseguem produzir o próprio alimento, e os dois liberam CO_2 durante a respiração. Juntamente com os processos ambientais, como as trocas gasosas na superfície do oceano, a fotossíntese impulsiona o ciclo de carbono da Terra, a construção e a quebra perpétuas de compostos orgânicos.

Fotossíntese artificial

Como Melvin Calvin disse certa vez: "Se você sabe como produzir energia química ou elétrica a partir da energia solar como as plantas fazem... com certeza isso é um truque". Os tradicionais painéis solares azuis e pretos são feitos com silício, mas os químicos estão sendo inspirados pela natureza a desenvolver novas fontes de energia verde. Em 1988, Michael Grätzel e Brian O'Regan inventaram uma célula fotovoltaica a partir de um filme fino de nanopartículas de dióxido de titânio, tornado sensível à luz ao ser mergulhado em um corante. Essa "célula solar sensibilizada por corante" mimetiza a forma como as plantas absorvem os fótons com clorofila, usam materiais de baixo custo e trabalham em condições nubladas para gerar corrente elétrica. Químicos também estão copiando a capacidade de produzir combustível a partir da energia da luz. Daniel Nocera vem trabalhando em uma "folha artificial" que divide a água em hidrogênio e oxigênio, enquanto Nate Lewis, do Centro Conjunto de Fotossíntese Artificial dos EUA, pretende fabricar combustíveis baseados em carbono como metanol, fixando CO_2 em compostos orgânicos, como no ciclo de Calvin. Esses combustíveis solares poderiam ser transportados para veículos e outros objetos, substituindo os combustíveis fósseis como fonte de energia.

Convertendo luz solar A fotossíntese começa com a conversão de energia, um processo realizado por fotossistemas – pigmentos, proteínas e outras moléculas que captam e convertem energia de fótons. O componente central é a clorofila de pigmento verde, isolada pelos químicos franceses Joseph Bienaimé Caventou e Pierre-Joseph Pelletier em 1817. Quando atingidos por fótons, os elétrons da clorofila absorvem energia, permitindo que se libertem da molécula, o que provoca uma reação em cadeia na qual os elétrons energizados passam entre uma série de moléculas em uma "ca-

1931
Cornelis van Niel propõe equação química para fotólise e liberação de oxigênio

1943
Emerson acredita que a captura de luz é melhorada ao absorver dois comprimentos de onda simultaneamente

Anos 1950
Ciclo para sintetizar carboidratos a partir de CO_2 é revelado por Calvin e colegas

deia de transporte de elétrons". A cadeia cria NADPH e ATP, duas moléculas que, mais tarde, liberarão energia armazenada em suas ligações químicas para impulsionar a síntese de carboidratos.

"As características essenciais do ciclo que finalmente emergiu foram demonstradas em uma ampla variedade de organismos fotossintéticos, variando de bactérias a plantas superiores."

Melvin Calvin

Para que os fotossistemas possam converter repetidamente a luz em energia química, os elétrons da clorofila devem ser reabastecidos, o que acontece por fotólise (separação de moléculas com a luz solar), uma reação catalisada pelo enigmático "complexo de evolução de oxigênio". Para as plantas, a fonte de elétrons é H_2O, e a fotólise produz mais O_2 do que é necessário para a respiração; o excesso é liberado como resíduo.

As reações de fotossíntese dependentes da luz compreendem, na verdade, dois fotossistemas conectados, como sugerido por uma alga unicelular, a *Chlorella*. Em 1943, o biólogo botânico norte-americano Robert Emerson descobriu que, enquanto as células fotossintéticas absorvem a luz em uma faixa de comprimentos de onda, há uma queda na eficiência na extremidade vermelha (680 nm) do espectro. Em 1957, ele notou que a taxa de fotossíntese em vermelho (680 nm) e infravermelho (700 nm) aumenta quando os organismos são expostos aos dois comprimentos de onda. Isso sugere dois fotossistemas: os elétrons perdem energia no final de uma cadeia de transporte, mas são reenergizados no início do segundo fotossistema.

Produção de carboidratos Os fotossistemas são incorporados em membranas chamadas tilacoides, que são dobradas para maximizar a área da superfície exposta à luz. Nas bactérias, os tilacoides são uma extensão da membrana externa, enquanto as células vegetais e de algas contêm dúzias de cloroplastos – as organelas em forma de cápsula dedicadas à fotossíntese.

As moléculas de NADP e ATP produzidas durante os passos dependentes da luz do processo são decompostas para produzir carboidratos pela liberação de energia das ligações químicas. Para produzir alimento de dia ou à noite, as células fotossintéticas precisam de um suprimento constante de carbono. De onde ele vem? Em 1945, cientistas da Universidade da Califórnia, em Berkeley, liderados por Melvin Calvin, usaram o isótopo radioativo carbono-14 para rastrear o caminho do carbono durante a fotossíntese em *Chlorella*, descobrindo um caminho circular de reações bioquímicas que continuamente regenera os mesmos compostos à base de carbono, um processo comumente chamado de ciclo de Calvin.

O ciclo começa com o CO_2 do ar sendo anexado a um açúcar simples com cinco átomos de carbono (RuBP), que produz uma molécula de seis carbonos que se divide em dois ácidos 3-fosfoglicéricos (3PG), um açúcar de três carbonos. As células vegetais transportam uma molécula de 3PG do cloroplasto para o citoplasma, onde ela pode ser usada para produzir carboidratos complexos, como a glicose. A outra molécula 3PG passa por várias etapas em que as enzimas induzem o NADPH e o ATP a doar átomos de hidrogênio e fosfato, o que acaba regenerando o RuBP para reiniciar o ciclo. Durante a primeira etapa, o CO_2 – um gás volátil – é fixado a uma molécula estável, ou "fixação de carbono". Esse passo é catalisado pela RuBisCO, uma enzima que constitui 30% a 50% da proteína solúvel nas folhas, provavelmente a proteína mais abundante do planeta.

Cloroplastos

Células vegetais contêm dezenas de cloroplastos, as organelas que realizam as reações da fotossíntese. A luz é colhida e convertida em energia química em membranas dobradas, chamadas tilacoides, e os carboidratos são produzidos no estroma.

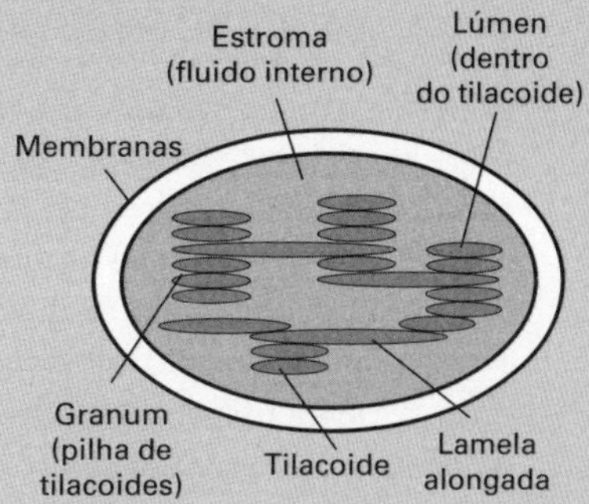

A ideia condensada:
A energia solar é capturada para produzir alimento

20 Divisão celular

Todas as células surgem por meio da divisão. Enquanto organismos simples como bactérias podem se dividir por fissão binária, a divisão em células complexas é complicada pelo núcleo e por numerosos cromossomos, o que significa que as células se dividem por meio do processo multifásico de mitose.

A história da teoria das células – a ideia de que todas as formas de vida são feitas de células – consiste em cientistas do século XIX roubando ou ignorando as ideias uns dos outros. Enquanto os alemães Matthias Schleiden e Theodor Schwann são frequentemente citados como seus "descobridores", muitos poderiam reivindicar o título. O pesquisador polonês Robert Remak, por exemplo, observou a divisão em células animais e refutou a crença de Schleiden e Schwann de que elas surgem espontaneamente de cristais.

Antes da fotografia, os biólogos também tinham que ser bons artistas. O estudo da divisão ao microscópio foi facilitado com corantes como o índigo, que manchava estruturas dentro do núcleo, como descoberto em salamandras pelo biólogo alemão Walther Flemming. Em 1878, ele chamou as estruturas de "cromatina"; hoje nós as chamamos de "cromossomos" ("corpos coloridos", em latim). Isso ocorreu décadas antes de a microscopia permitir que os biólogos observassem a divisão em ação, então Flemming teve que desenhar cromossomos em diferentes estágios e deduzir uma sequência de eventos. Observando que o núcleo não sofre fissão binária, em 1880 ele chamou o fato de "reprodução nuclear indireta".

As ilustrações ainda válidas de Flemming foram reunidas em seu livro de 1882, *Cell Substance, Nucleus and Cell Division* [Substância celular, núcleo e divisão celular]. Ele observou que os cromossomos podem ser uma confusão nebulosa ou aparecer como segmentos, ou "mitosen", os estados que agora definem dois períodos em um ciclo de divisão celular: interfase, quando uma célula-mãe está crescendo, e mitose, quando seus cromossomos são di-

linha do tempo

1838-39
A teoria das células de Schleiden e Schwann afirma que a vida surge por cristalização

1848
Fases da mitose e a quebra do núcleo são descritas por Hofmeister

1878
Cromossomos e sua duplicação por mitose são descritos por Flemming

vididos entre duas células-filhas. Os biólogos identificam cinco fases distintas durante a mitose.

Mitose Depois que o DNA é duplicado no final da interfase, o primeiro estágio da mitose, a prófase, começa. Nuvens de material genético se condensam para criar cromossomos distintos que se assemelham a pares de meias listradas, "cromátides-irmãs" unidas no meio para formar estruturas em forma de X. A reação de condensação é catalisada por proteínas de ligação ao DNA, como a adequadamente chamada condensina que forma bobinas em torno dos cromossomos, tornando-os milhares de vezes mais compactos.

Mitose e meiose

A mitose envolve um ciclo de divisão celular, enquanto a meiose tem dois. Durante a mitose, todos os cromossomos se alinham em fila única, como cromátides-irmãs, antes de serem divididos em células-filhas com pares de cromossomos (diploides). Na meiose I, pares homólogos de cada progenitor se alinham lado a lado e trocam material genético por recombinação antes da separação. Na meiose II, as cromátides são separadas para deixar um conjunto (haploide) em óvulos ou espermatozoides.

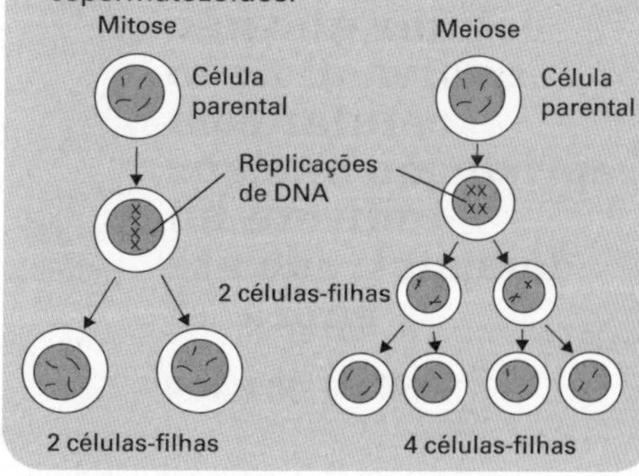

Antes do segundo estágio, a prometáfase, uma estrutura chamada centrossomo se divide e migra para os polos opostos da célula, e uma estrutura de microtúbulos – o fuso – cresce entre suas partes. Como visto em 1848 pelo botânico Wilhelm Hofmeister, o envelope nuclear se rompe em vesículas semelhantes a bolhas ou "*klumpen*", permitindo que os cromossomos se liguem aos microtúbulos. Em 1888, Theodor Boveri viu que os cromossomos se alinham em fila única ao longo do fuso. Nesse ponto intermediário, a metáfase, há uma breve pausa, como se a célula estivesse respirando fundo antes de mergulhar na divisão.

Durante a anáfase, cromátides-irmãs em cada cromossomo são puxadas em direção a polos opostos por um cabo de guerra no fuso. A molécula que mantém essas cromátides juntas, a coesina, agora é digerida por enzimas. No estágio final da mitose – telófase –, as cromátides-irmãs alcançam os po-

1883
Van Beneden diz que óvulos fertilizados herdam cromossomos dos dois progenitores

1902
Sutton observa que os pares de cromossomos são distribuídos aleatoriamente entre as células

1991
Bi e Lutkenhaus descobrem o anel Z que divide as bactérias por fissão binária

los, o fuso se desfaz e as vesículas se remontam em envelopes nucleares em torno de dois conjuntos de cromátides, que descondensam, revelando as meias listradas de cromossomos. Então, a célula se divide em dois por um processo final chamado citocinese.

Meiose A reprodução sexual geralmente combina um conjunto de cromossomos de cada progenitor. O zoólogo belga Edouard van Beneden foi o primeiro a perceber o que isso significava para a divisão celular. Estudando ovos fertilizados do nematoide *Ascaris megalocephala*, em 1883, Van Beneden disse: "Cada pronúcleo equivale a um meio núcleo dotado, devido a sua origem, de caráter unissexual". Nós agora dizemos que as células com dois conjuntos são "diploides", enquanto os gametas – espermatozoide e óvulo – são "haploides" com um conjunto de cromossomos. Portanto, produzir gametas requer um tipo especial de divisão. Em 1902, o cientista norte-americano Walter Sutton percebeu que os gametas transportavam metade do número normal de cromossomos. Depois de estudar os espermatozoides dos gafanhotos, Sutton concluiu que eles são submetidos à "redução da divisão". Em 1905, os biólogos britânicos John Farmer e John Moore renomearam o processo: "maiosis" (meiose).

"Nenhum modo de multiplicação celular que não envolva divisão celular com reprodução nuclear indireta foi demonstrado até agora."

Walther Flemming

A meiose difere da mitose de duas maneiras principais: envolve dois ciclos de divisão e os cromossomos são separados de maneira diferente; a mitose produz duas células diploides, enquanto a meiose produz quatro gametas haploides. Durante o primeiro turno – a meiose I –, pares de cromossomos maternos e paternos se alinham lado a lado e então se separam, em vez de formarem (na mitose) fila única com divisão de cromátides-irmãs. Essa divisão ocorre na meiose II. Com base no emparelhamento lado a lado da meiose I, Sutton sugeriu que os cromossomos carregavam genes. Ele também enfatizou que as células não têm lado materno e lado paterno; cada cromossomo se emparelha aleatoriamente para que possam ser herdados em uma série de combinações. Para três pares, existem 2^3 (8) arranjos possíveis na metáfase. Para os humanos, excluindo os cromossomos sexuais, há 2^{22}, ou mais de 4 milhões de combinações.

Fissão binária Sem nenhum núcleo ou vários cromossomos para se preocupar, a divisão celular é muito mais simples e rápida. Uma célula cresce até o dobro de seu tamanho e depois se divide em duas. Em bactérias em forma de bastonete e na maioria dos outros organismos procarióticos, uma vez que a célula atinge o dobro de seu comprimento, ela se divide por fissão binária. As bactérias têm um único cromossomo circular ligado à membrana externa, na metade da célula. A replicação começa a partir de uma "ori-

Aneuploidia

Quando a divisão dá errado, as células podem acabar com um número anormal de cromossomos, uma condição chamada "aneuploidia". Em muitas espécies, as células do corpo são "diploides" com pares de cromossomos (um conjunto herdado de cada progenitor), mas erros na divisão celular podem levar à perda ou ganho de cromossomos. Às vezes isso acontece porque um cromossomo não se conecta ao fuso adequadamente. Ele não é arrastado para os polos opostos da célula e então efetivamente "desaparece" por estar fora do núcleo, onde seus genes não são lidos. Alternativamente, um par de cromátides-irmãs pode não se separar durante a meiose, um fenômeno conhecido como "não disjunção". Isso pode deixar um gameta (espermatozoide ou óvulo) sem cópias de um certo cromossomo, de modo que, após a fertilização, o embrião tenha apenas uma única cópia de um dos progenitores, uma condição denominada monossomia. Um gameta também pode carregar duas cópias, significando que o embrião resultante herda três cópias, ou uma "trissomia". Em humanos, a síndrome de Down é causada por trissomia do cromossomo 21, enquanto mulheres com síndrome de Turner têm um único cromossomo X. Na aneuploidia, um desequilíbrio no número de genes produz a "dosagem" errada de proteínas, interrompendo a delicada bioquímica de uma célula.

gem" em cada filamento da dupla-hélice em ambas as direções, produzindo dois laços de DNA. Em 1991, os microbiologistas Erfei Bi e Joseph Lutkenhaus demonstraram que uma molécula chamada FtsZ cria uma estrutura de "anel Z" que se contrai como o cordão de puxar de uma bolsa, dividindo a célula de maneira similar à citocinese em eucariontes.

A ideia condensada: A duplicação de cromossomos complica a divisão celular

21 O ciclo celular

A divisão é o evento mais significativo na vida de uma célula. Como pais se preparando para o nascimento de um bebê, uma célula-mãe quer que os eventos corram sem problemas quando se divide em duas filhas. Nas células complexas, desde a levedura em crescimento até a baleia-azul, isso é realizado por meio do ciclo de divisão celular.

O tamanho da célula é limitado, portanto um corpo maior significa mais células. O maior animal que já surgiu, a baleia-azul, tem quase 100 quatrilhões (10^{17}) de células, todas provenientes de um único óvulo fertilizado. Um humano adulto consiste em 37 trilhões ($3{,}7 \times 10^{13}$) de células, e bilhões são substituídas todos os dias. A divisão celular abre muito espaço para o erro; se perder o controle, pode-se dar início a um câncer. Para minimizar a possibilidade de as coisas darem errado, as células eucariontes verificam as condições em vários estágios antes de se dividirem.

Fases As células eucariontes "nascem" por meio da divisão e "morrem" quando se dividem. Esse ciclo de vida consiste em quatro fases: G1, S, G2 e M. Cada célula cresce durante a primeira fase de intervalo (G1), a replicação do DNA ocorre durante a síntese (S), uma segunda fase de intervalo (G2) verifica que o material genético foi copiado, enquanto a mitose (M) distribui os cromossomos duplicados entre dois núcleos. Uma célula-mãe então se divide em duas células-filhas. Um ciclo pode levar minutos ou dias, dependendo da célula; em humanos dura em média um dia, com as três primeiras fases, conhecidas coletivamente como "interfase", ocupando a maior parte do tempo. Alguns tipos de células, incluindo neurônios e as presentes no músculo cardíaco, nunca completam um ciclo e, em vez disso, entram em estado de repouso: G0.

As células não podem retroceder no ciclo, como demonstrado pelos pesquisadores oncológicos Potu Rao e Robert Johnson em 1970. Depois de isolar as células em diferentes fases, eles as fundiram para criar híbridos. Quando as células G1 e S foram combinadas, o núcleo G1 começou a sintetizar o

linha do tempo

1965
Williamson prova que leveduras e organismos multicelulares têm o mesmo ciclo

1970
Rao e Johnson avaliam o progresso unidirecional entre fases do ciclo

1970
Hartwell descobre o primeiro gene quinase dependente de ciclina (CDK) em levedura

DNA. Mas, quando as células G2 e S foram fundidas, apenas o núcleo S produzia DNA. Isso mostrou que uma célula G2 não entra na fase S até que tenha passado da M (mitose).

Pontos de checagem No entanto, as células cancerosas se comportam de forma incomum. Em 1965, o microbiologista Donald Williamson usou a marcação radioativa para rastrear a síntese de DNA durante o crescimento do fermento biológico e mostrou que suas fases correspondiam àquelas em um corpo multicelular, ou seja, o organismo unicelular poderia ser usado como modelo para estudar o ciclo celular eucarionte em geral. Mutações que bloqueiam a divisão celular normalmente acabariam com um ciclo de vida, mas os mutantes de Hartwell eram sensíveis à temperatura, crescendo normalmente a 25°C, mas não a 36°C, o que representava um interruptor liga/desliga para a divisão. Diferentes cepas pararam em pontos diferentes, então cada mutação – e seu gene – poderia ser atribuída a uma fase. Hartwell descreveu dezenas em 1970, mas o gene mais interessante foi o "ciclo de divisão celular 28" ou CDC28 – apelidado de "início" porque determina se uma célula entra na fase G1 – o que levou à ideia de pontos de checagem.

Fases do ciclo

O ciclo de divisão celular tem quatro fases: G1 envolve crescimento, S é para síntese de DNA, a fase G2 verifica o material genético copiado, M distribui cromossomos duplicados entre dois núcleos. Após a fase M (mitose), uma célula-mãe se divide em duas células-filhas. Algumas células saem do ciclo e entram em estado de repouso: G0.

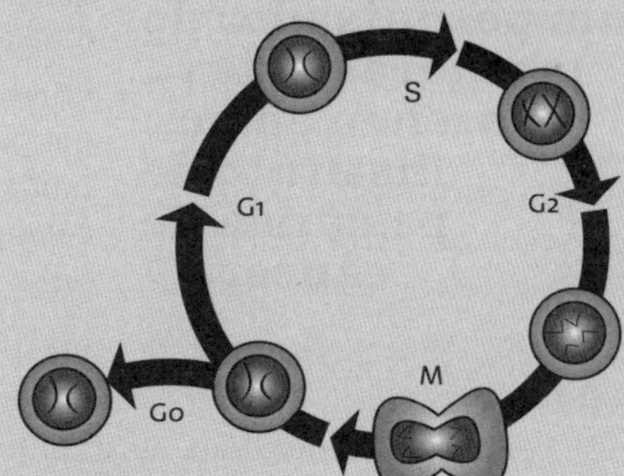

Depois de ler a pesquisa de Hartwell, o geneticista britânico Paul Nurse também se interessou por leveduras e foi então à Universidade de Edimburgo para aprender com o zoólogo Murdoch Mitchison, que estudara a levedura de fissão *Schizosaccharomyces pombe*. Nurse também encontrou cepas sensíveis à temperatura, inclusive mutantes que se apressavam em um ciclo celular. Essas leveduras se dividiram prematuramente e estavam abaixo do tamanho normal, de modo que, reconhecendo a palavra escocesa para "pe-

1982
Hunt identifica proteínas ciclinas cujos níveis sobem e descem durante o ciclo

1987
Nurse demonstra que a levedura de fissão pode usar genes CDK humanos para o ciclo celular

1988
Fator promotor de maturação é encontrado para ser combinação de ciclina e CDK

queno", foram denominadas mutantes "*wee*" (pequeninas). Em 1975, Nurse mostrou que o gene CDC2 (wee2) controla se uma célula passa do ponto de checagem G2 para M.

O CDC2 é fundamental no ciclo celular. Em 1982, Nurse usou uma técnica chamada "complementação interespecífica" para identificar genes que resgatam a capacidade de passar por pontos de checagem, o que envolvia a inserção de diferentes genes CDC no DNA modificado e o fornecimento de mutantes sensíveis à temperatura para testar se cresceriam. Cruzando as espécies e os genes, Nurse descobriu que o gene CDC2 na levedura de fissão tem uma função semelhante ao CDC28 na levedura de brotamento, o gene que controla o "início" de um ciclo celular. Isso é impressionante, considerando que, embora ambos sejam organismos unicelulares, seu ancestral comum viveu mais de 1 bilhão de anos atrás.

"Talvez, não sem razão, alguns se perguntaram o que um pesquisador de leveduras estava fazendo em um instituto de pesquisa de câncer."

Paul Nurse

Em 1987, Nurse, então trabalhando em um instituto de pesquisa de câncer em Londres, usou a mesma técnica para mostrar que o DNA humano também poderia resgatar leveduras mutantes, identificando CDC2 em seres humanos.

Ciclos Os genes CDC produzem proteínas que controlam o progresso por meio de um ponto de checagem. Se essas proteínas estivessem sempre ativas, as células poderiam derrubar as barreiras. O que controla os controladores? Enquanto estudava os ovos do ouriço-do-mar *Arbacia punctulata* em 1982, o bioquímico britânico Tim Hunt demonstrou que algumas proteínas são produzidas e degradadas durante cada ciclo celular. À medida que seus níveis aumentam e diminuem periodicamente, ele as chama de "ciclinas" e sugere que podem estar relacionadas ao FPM ou "fator promotor de maturação" – uma molécula que os cientistas passaram duas décadas tentando encontrar.

Em 1988, vários pesquisadores, incluindo Paul Nurse, descobriram que o esquivo FPM é uma combinação de duas proteínas: ciclina B e CDC2. Atualmente, uma proteína CDC é conhecida como CDK ou "quinase dependente de ciclina" (CDC2 é CDK1 em humanos). As quinases são enzimas que ativam outras proteínas adicionando fosfato a elas, o que explica como um emparelhamento ciclina-CDK controla o metabolismo: a CDK altera outras proteínas, enquanto os níveis de seu parceiro aumentam e diminuem, garantindo que a CDK nem sempre esteja ativa. Por exemplo, os níveis de ciclina E aumentam durante a fase G1 para estimular a síntese de DNA e depois cair durante a fase S.

Controle do câncer

Células anormais rompem as barreiras que bloqueiam o crescimento e a divisão, incluindo os pontos de checagem do ciclo celular; então, as proteínas que param o câncer, chamadas de "supressores de tumor", verificam se uma célula deve progredir de uma fase para a seguinte. Um supressor-chave é o p53 (proteína do tumor 53), que verifica se há danos no DNA, e dai vem seu apelido: "guardiã do genoma". Se detectar danos, a p53 muda de forma e ativa vários genes, inclusive os que produzem proteínas que reparam o material genético. Também liga a p21, que inibe a atividade de diversas proteínas de quinase dependente de ciclina (CDK), interrompendo um ciclo no ponto de checagem G1/S. Outro supressor-chave é a proteína Rb. Seu gene foi identificado em crianças que herdam um raro câncer ocular chamado retinoblastoma, mas desde então tem sido demonstrado que ela protege contra todos os tumores. Quando ativa, a Rb se liga a uma proteína chamada E2F, impedindo que a E2F se una ao DNA e ligue genes que, como a p53, deixam as células passarem pelo ponto de checagem G1/S. No entanto, se uma proteína CDK ativa a Rb, não consegue aderir à E2F, permitindo o progresso para a próxima fase. Os supressores de tumor, portanto, atuam como freios para impedir o câncer de percorrer o ciclo celular. Mutações nos genes p53, Rb ou ciclina e CDK podem, então, contribuir para o câncer.

As proteínas supressoras de tumor, como pRB e p53, são ativas por padrão para ajudar a prevenir o câncer, mas são desativadas por pares específicos de ciclina-CDK quando as condições parecem claras para a divisão celular. As leveduras têm uma ciclina e uma CDK, enquanto os humanos têm cerca de uma dúzia de cada. No entanto, o fato de essas espécies estarem separadas por bilhões de anos de evolução mostra que o sistema de controle se originou no início da história dos organismos eucariontes, reforçando o fato de que, seja levedura ou baleia-azul, o ciclo é vital para a divisão de células complexas.

A ideia condensada: Células complexas verificam de forma regular se a divisão está funcionando perfeitamente

22 Câncer

Provavelmente todos os animais sofrem com células fora de controle. Entre os humanos, os tumores malignos adoecem um terço das pessoas. Segundo a Organização Mundial da Saúde, em 2012 havia 14 milhões de casos de câncer – um número que deve crescer 70% nas próximas duas décadas.

O câncer ocorre quando o corpo perde o controle de suas células. Pode originar-se de qualquer tecido como um grupo de células anormais, um tumor, que se espalha para causar mais de cem doenças diferentes com características semelhantes. As características do câncer incluem crescimento e divisão celular descontrolados, ganho de independência e imortalidade e manipulação de tecidos para migrar ao redor do corpo.

Os tumores são causados por mutações – alterações permanentes no DNA (mutações genéticas) ou modificações reversíveis no genoma (mutações epigenéticas). O risco aumenta com a idade porque as mutações se acumulam com o tempo. Alguns surgem espontaneamente, outros são herdados, mas muitos são desencadeados por fatores ambientais conhecidos como carcinogênicos. A luz ultravioleta, que desencadeia o melanoma na pele, é um carcinógeno físico, enquanto o tabaco é um carcinógeno químico. Em 1910, um carcinógeno biológico foi descoberto pelo virologista norte-americano Peyton Rous, que pegou um tumor de uma galinha de Plymouth Rock e o colocou em outras galinhas. O câncer continuou a crescer, mesmo quando Rous filtrou o tumor para remover as células.

Crescimento e divisão O vírus do sarcoma de Rous revelou por que as células cancerígenas têm um crescimento descontrolado. Em 1976, os biólogos norte-americanos Michael Bishop e Harold Varmus detectaram o gene viral "Src" (sarcoma) em células normais de galinha, sugerindo que o vírus havia roubado uma versão celular de Src, que se transformava em uma forma viral que desencadeia tumores. Dois anos depois, Bishop e Varmus encontraram o Src em humanos e camundongos e demonstraram que o gene viral codifica

linha do tempo

1910
O vírus do sarcoma de Rous mostra que tumores podem ser desencadeados por agentes biológicos

1954
Armitage e Doll propõem a hipótese de dois eventos para as mutações causadoras de câncer

1971
Folkman isola o fator produzido pelo tumor que estimula a formação de vasos sanguíneos

uma "quinase": uma proteína que ativa outras. Em 1979, eles isolaram a proteína de Src de células não infectadas de galinhas, codornas, ratos e humanos.

O Src é um "proto-oncogene'"; em outras palavras, um gene que contribui para o câncer quando mutado, tornando-se um "oncogene". Esses genes geralmente codificam proteínas de uma via de sinalização, uma cadeia de moléculas semelhante a um dominó que transmite instruções do corpo. As mensagens são recebidas pelos receptores de superfície de uma célula, que transmitem o sinal ao núcleo, onde a atividade genética altera o comportamento. Na década de 1980, pesquisadores descobriram que os vírus também roubam genes para fatores de crescimento e receptores correspondentes, destacando ainda mais a importância da sinalização. No glioblastoma, por exemplo, as células cerebrais se estimulam, liberando fatores de crescimento derivados de plaquetas. Sem os sinais de crescimento, o câncer se torna autossuficiente.

Evolução clonal do câncer

O desenvolvimento do câncer é um processo evolutivo. A proliferação descontrolada, começando com uma única célula anormal, cria uma população de clones. Algumas células carregam mutações que ajudam os "indivíduos" a resistir aos desafios ambientais, inclusive ataques do sistema imunológico, radiação ou quimioterapia. As células sobreviventes reproduzem-se e, ao longo das repetidas rodadas de mutação e da seleção natural, o tumor desenvolve habilidades que tornam o câncer tão difícil de combater.

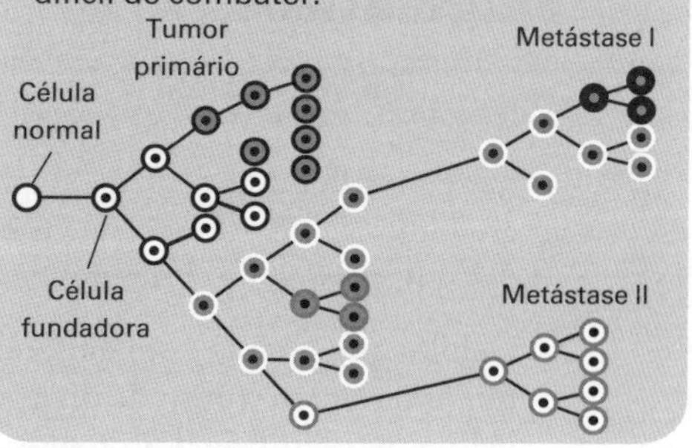

Enquanto os biólogos moleculares se concentravam nas infecções, os geneticistas analisavam os padrões de herança. Estudando populações em 1954, Peter Armitage e Richard Doll propuseram que o câncer requer pelo menos duas mutações. Em 1971, Alfred Knudson examinou o histórico familiar de 48 casos de retinoblastoma, um tumor ocular, e sua estatística corroborou o que se tornou a "hipótese dos dois eventos". Essa hipótese é explicada pelo fato de herdarmos uma cópia de um gene de cada genitor: crianças com retinoblastoma obtêm duas cópias defeituosas, mas o câncer ocorre se a sua única cópia funcional sofrer mutações mais tarde na vida.

1976
Oncogene viral "Src" é detectado em células normais por Bishop e Varmus

1979
Proteína fundamental supressora de tumores "p53" é descoberta por Levine e Lane

1988
Vaux mostra que o "Bcl-2" permite que as células sobrevivam sem fatores de crescimento

O gene do retinoblastoma (Rb) é um "supressor de tumor" que impede a divisão celular descontrolada. O supressor mais crucial é a p53 (proteína do tumor 53), descoberta por Arnold Levine e David Lane em 1979. Apelidada de "guardiã do genoma", a p53 alerta outra proteína, a p21, para interromper o ciclo de divisão celular se for detectado dano. Metade de todos os tumores tem um gene p53 mutado, permitindo que as células se dividam continuamente. O câncer é, portanto, insensível aos sinais anticrescimento. Os oncogenes mutantes são como um acelerador travado, e os supressores de tumor mutados são um pedal de freio e um freio de mão quebrados – juntos, mantêm o carro defeituoso do câncer em movimento.

"A exploração da célula cancerosa é semelhante à arqueologia: devemos inferir o passado de seus remanescentes no presente, e os remanescentes são muitas vezes enigmáticos."

Michael Bishop

Independência e imortalidade Quando algo dá errado nas células normais, elas cometem suicídio ou "apoptose". Mas, em muitos tumores, a p53 mutante falha em bloquear a atividade de outra proteína, a Bcl-2, que impede que as mitocôndrias avisem as enzimas para destruir a célula. Em 1988, o biólogo David Vaux descobriu que adicionar genes Bcl-2 às células sanguíneas ajudou-as a sobreviver sem fatores de crescimento, mostrando que a sobrevivência e o crescimento são controlados separadamente. Tumores com Bcl-2 mutado contornam o suicídio.

Células cancerosas também podem viver para sempre. As células normais têm um número finito de divisões, ditadas por "telômeros", DNA dispensável na extremidade dos cromossomos que ficam mais curtos a cada vez que uma célula se divide, mostrando sua idade e fazendo com que ela pare de se replicar. O câncer contorna isso com uma cirurgia estética: cerca de 90% ativam genes para a enzima telomerase, que adiciona os telômeros aos cromossomos, enganando a célula, fazendo-os pensar que seu DNA parece mais novo do que realmente é.

Manipulação e migração Plantas não têm câncer. Elas podem desenvolver excrescências anormais, mas, como suas células são restritas por paredes rígidas, um tumor tem potencial limitado para invadir os tecidos circundantes. Nos animais, os cânceres podem manipular a flexibilidade das células. O cirurgião norte-americano Judah Folkman sugeriu que o câncer estimula a formação de novos vasos sanguíneos – a angiogênese –, um processo que normalmente ocorre quando o corpo constrói tecidos ou cura feridas. Manipular o suprimento de oxigênio e nutrientes alimenta as células cancerosas sempre famintas.

Um tumor só se torna câncer depois de migrar do seu ponto de origem, passando de benigno para maligno. O processo, a "metástase" ("deslocamen-

Câncer contagioso

O tumor facial do diabo-da-tasmânia (DFTD) é um câncer transmissível que infecta, como o nome sugere, diabos-da-tasmânia. Em 2012, a geneticista Elizabeth Murchison descobriu que o DFTD originou-se em um único diabo-da-tasmânia fêmea, depois acumulou mutações para que as cepas de câncer parasitário agora tivessem DNA distinto um do outro e de seu hospedeiro. Os tumores formam lesões e nódulos que interferem na alimentação, levando à fome, e são transmitidos por morder o rosto durante enfrentamentos. Cães podem pegar o tumor venéreo transmissível canino (CTVT), uma doença sexualmente transmissível que incuba por meses antes que os sintomas apareçam, permitindo sua disseminação. Enquanto o CTVT se tornou menos virulento ao longo de 11 mil anos de evolução, o DFTD tem apenas vinte anos e dizimou a população de diabos-da-tasmânia; um declínio de 80% desde que o primeiro caso foi identificado, em 1996, com o potencial de levar a espécie à extinção até 2035. Diabos-da-tasmânia, cães e hamsters sírios são os únicos animais conhecidos por pegar câncer, sugerindo que isso seja muito raro na natureza.

to", em grego), começa com células atravessando uma membrana basal. As células então se espremem através da parede de um capilar para entrar na circulação, o que pode envolver a mudança de forma (anaplasia). As células são transportadas pela corrente sanguínea ou pelo sistema linfático e ficam presas em um vaso capilar distante. Aquelas que sobrevivem ao novo ambiente hostil podem invadir e colonizar o tecido circundante, transformando-se em um tumor metastático. A metástase é responsável por 90% das mortes relacionadas ao câncer.

A ideia condensada: As células do corpo se comportam como organismos individuais egoístas

23 Vírus

Eles causam as doenças mais mortais conhecidas pelo homem, inclusive a aids, a gripe e a varíola, mas os seres humanos são apenas uma das muitas espécies que sofrem com os vírus. Esses minúsculos parasitas são, sem dúvida, as formas de vida mais bem-sucedidas do mundo e podem infectar todos os ramos da árvore da vida, de plantas a bactérias.

Para apreciar os vírus, é preciso esquecer temporariamente o fato de que são patógenos que às vezes causam doenças e a morte de seus hospedeiros. Eles escalaram o monte Everest enquanto estavam dentro de um corpo humano e são encontrados no fundo do mar. São a forma de vida mais abundante da Terra, com um número estimado de 4 nonilhões (4 seguido de 30 zeros) de vírus apenas no oceano, superando os microrganismos marinhos unicelulares em mais de dez para um. Nós vivemos em um planeta de vírus.

Menores que as células Grandes vírus, como o *Variola* (varíola), podem ser vistos sob um microscópio de luz, mas a maioria precisa de microscópios eletrônicos, que foram desenvolvidos por Ernst Ruska na década de 1930. Em 1939, o irmão de Ernst, o médico alemão Helmut Ruska, inventou uma técnica de "sombreamento", refletindo feixes de elétrons de objetos revestidos em átomos de metal pesado como o urânio, para capturar as primeiras imagens de vírus, revelando seu tamanho. Fazer essas imagens ficou muito mais fácil em 1959, quando o biólogo Sydney Brenner e o físico Robert Horne desenvolveram uma técnica de "coloração negativa" usando sais de carbono e metais. Agora, sabemos que os vírus são, em média, cem vezes menores que uma bactéria.

A natureza minúscula dos vírus foi revelada pela primeira vez em uma espécie que quase sozinha estabeleceu o campo da virologia. Em 1886, o cientista alemão Adolf Mayer descobriu uma "doença do mosaico" que forma manchas nas folhas de tabaco. Ela podia ser transmitida para plantas saudáveis após o uso de papel para filtrar um extrato líquido, e Mayer supôs que

linha do tempo

1898
Beijerinck descobre o vírus do mosaico do fumo e prova que infecta as células em divisão

1936
Pirie e Bawden purificam o TMV e mostram que ele tem proteína e RNA

1955
Fraenkel-Conrat e Williams usam RNA viral e proteína para fazer TMV

ele continha bactérias. O botânico russo Dmitri Ivanovsky usou um filtro de porcelana com poros mais estreitos que um mícron (um milésimo de milímetro) para excluir células da seiva, mas concluiu que a doença era causada por uma toxina. Em 1898, o microbiologista holandês Martinus Beijerinck descreveu numerosos testes sobre a doença misteriosa, que incluíam secar e armazenar seiva filtrada. Beijerinck sugeriu que ela havia sido causada por um vírus desconhecido, o que ele chamou de "*contagium vivum fluidum*" – um fluido vivo contagioso –, que infectaria apenas células em divisão. O agente infeccioso, o vírus do mosaico do fumo (TMV, na sigla em inglês), foi purificado por Wendell Stanley em 1935. O bioquímico norte-americano pensou que seus cristais de proteína estavam contaminados com fósforo, mas, um ano depois, os virologistas britânicos Norman Pirie e Frederick Bawden descobriram que a "contaminação" vinha, na verdade, do RNA.

"Somente os órgãos da planta que estão crescendo e cujas células estão se dividindo são capazes de ser infectados; aqui só o vírus se reproduz."

Martinus Beijerinck

Partículas de vírion O interior de um vírion, uma partícula viral individual, foi revelado após a descoberta de que o ácido nucleico – DNA e RNA – é o material genético da vida. Em 1955, o bioquímico alemão Heinz Fraenkel-Conrat e o biofísico norte-americano Robley Williams demonstraram que misturar RNA viral e pedaços de proteína era suficiente para criar o vírus do mosaico do fumo. Naquele mesmo ano, a cristalógrafa britânica Rosalind Franklin, cujas imagens de cristal de raios X ajudaram a revelar a dupla-hélice, descobriu que o TMV tinha forma de bastonete. Em 1956, ela provou como a haste oca contém RNA. Enquanto isso, os biofísicos alemães Alfred Gierer e Gerhard Schramm mostraram que o RNA era infeccioso, sugerindo que era material genético do TMV. E, em 1962, os biólogos moleculares Marshall Nirenberg e Heinrich Matthaei mostraram que adicionar RNA viral ao conteúdo das células (em um tubo de ensaio) produziria proteínas, mostrando que o RNA tem genes codificadores de proteínas.

Um vírion tem duas ou três partes: um genoma, uma cobertura e, às vezes, um invólucro. Todos se originam de moléculas roubadas de uma célula hos-

1956
Gierer e Schramm demonstram que as moléculas de RNA do TMV são infecciosas

1962
RNA viral mostra ter genes codificadores de proteínas, por Nirenberg e Matthaei

1970
Temin e Baltimore descobrem a "transcriptase reversa" usada por vírus como o HIV

pedeira. A informação genética é transportada por ácido nucleico (DNA ou RNA), enquanto o revestimento ou "capsídeo" é feito de proteína e pode ser uma estrutura icosaédrica, como usado pelos rinovírus que causam o resfriado comum, ou uma hélice em forma de bastonete, como o TMV. O vírus da imunodeficiência humana (HIV) e muitos outros também têm invólucros feitos da membrana ou núcleo das células hospedeiras, um envelope lipídico embutido com proteínas que permitem a invasão.

Infecção Os vírus são parasitas intracelulares que exploram a maquinaria molecular do hospedeiro para se replicar. Quando um vírus atinge uma célula, proteínas em seu capsídeo ou envelope se ligam a receptores na membrana da célula, abrindo suas portas. A capacidade infecciosa depende das moléculas correspondentes, de modo que o HIV só pode invadir os glóbulos brancos portadores do receptor CD4. Com vírus como o HIV, o envelope viral e a membrana celular se fundem, permitindo que um capsídeo penetre. Se as células tiverem paredes, um capsídeo pode entrar pelos poros ou furos. Os vírions podem incluir enzimas que degradam o capsídeo, um processo chamado "desnudamento". O genoma viral nu transforma a célula em uma fábrica de produção de vírus.

A replicação varia de acordo com o genoma viral, que pode ser DNA ou RNA, com filamento único ou duplo, positivo ou negativo. Em todas as combinações, o material genético é copiado e as proteínas são produzidas usando o maquinário de expressão gênica de uma célula, mas alguns vírus também trazem enzimas especiais. Em 1970, os geneticistas norte-americanos Howard Temin e David Baltimore descobriram, de forma independente, que os vírions de um vírus tumoral de RNA carregam uma enzima, "transcriptase reversa", que lê RNA de filamento simples e copia de volta

A origem dos vírus

Como os vírus surgiram? Existem três hipóteses. De acordo com a hipótese da "fuga", eles vieram de elementos "egoístas" em um genoma hospedeiro que mais tarde ganharam a capacidade de se mover entre as células. Isso requer genes que codificam enzimas para cortar e colar DNA, como ocorre com retrotransposões em genomas de mamíferos. Os protovírus ganhariam progressivamente mais recursos, acabando como o HIV. A segunda hipótese é a da "redução", em que uma célula de vida livre regrediu até se tornar um parasita. Essa ideia vem de vírus gigantes como mimivírus e pandoravírus, que chegam a um mícron de tamanho e têm características comparáveis às bactérias parasitas, como a *Rickettsia*. Finalmente, a hipótese do "primeiro vírus" sugere que os organismos e vírus celulares coexistiram desde a origem da vida, há cerca de 3,5 bilhões de anos, durante o "mundo do RNA" (ver capítulo 4). Uma relíquia viva dessa origem seriam os viroides, entidades semelhantes a vírus que consistem em RNA de filamento único, que são principalmente patógenos de plantas. Com base na diversidade de vírus, as três hipóteses provavelmente não são mutuamente exclusivas, de modo que os vírus podem ter múltiplas origens.

para DNA de filamento duplo, um processo que não acontece em células normais. O HIV produz transcriptase reversa, assim como outra enzima, a integrase, que insere uma cópia de DNA de seu RNA no genoma humano, criando um "provírus", que pode permanecer inativo por anos antes de causar a síndrome da imunodeficiência adquirida (aids).

Estruturas do vírion

O genoma de um vírion (vírus individual) está contido em um revestimento à base de proteína ou "capsídeo", que tem duas formas principais. As estruturas de hélice são em forma de bastonete, como no vírus do mosaico do fumo, ou formam um filamento flexível, como no ebola. Estruturas icosaédricas, inclusive muitos rinovírus, assemelham-se a uma bola de futebol, enquanto os bacteriófagos combinam uma cabeça icosaédrica, cauda helicoidal e "pernas". A cauda semelhante à seringa do bacteriófago T4 injeta o genoma na parede celular de seu hospedeiro, o *E. coli*.

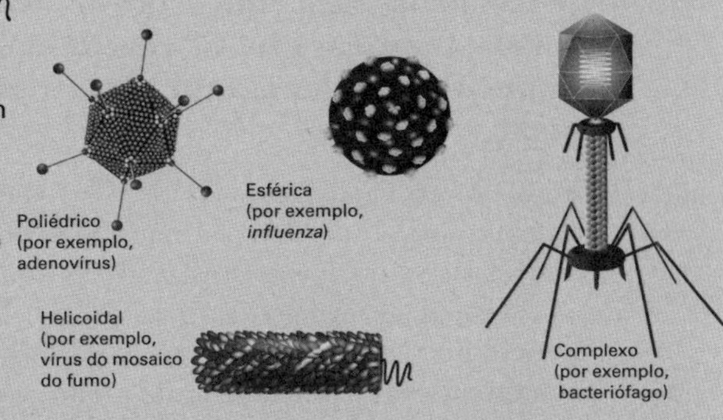

Doença Alguns vírus desencadeiam mutações quando o DNA viral é inserido no genoma, como nos vírus causadores de câncer, os oncovírus, enquanto outros causam pouco dano direto, dormindo enquanto a célula se divide ou brotando de sua membrana externa, como no HIV. No entanto, muitos vírus se replicam até que seus vírions causem uma explosão ou "lise" da célula – não mortal para um organismo multicelular, mas fatal para microrganismos unicelulares. Os parasitas só causam problemas graves se reduzirem a capacidade do hospedeiro de sobreviver ou se reproduzir. O resfriado comum – uma síndrome de infecções virais no trato respiratório superior, causada por mais de duzentos vírus diferentes – não é fatal, mas, quando você se recupera dele, já ajudou a espalhar o resfriado.

A ideia condensada: As formas de vida parasitas exploram células hospedeiras para autorreplicação

24 Príons

Príons causam doenças cerebrais contagiosas em mamíferos. Ao contrário de agentes infecciosos, como vírus, eles não estão associados ao ácido nucleico; são apenas proteínas. Não estão vivos, então não podem ser mortos; também são difíceis de destruir, e não há cura conhecida. E, no entanto, os príons talvez não sejam tão ruins.

Terras altas da Papua-Nova Guiné, 1957: uma doença misteriosa se espalha pela tribo fore. As vítimas não conseguem ficar de pé e sofrem de risadas espontâneas e tremores incontroláveis. Os locais chamam de *kuru*, ou "tremedeira". O oficial médico distrital, Vincent Zigas, e o médico de Harvard, Carleton Gajdusek, não conseguem encontrar a causa. Toxinas na dieta ou no ambiente são descartadas, mas o *kuru* é mais comum nas famílias (um distúrbio hereditário?), e o tremor sugere doença cerebral. Apesar da falta de inflamação, Gajdusek suspeita de encefalite viral. Ele envia amostras para seu país.

Cérebros esponjosos Sob o microscópio, fatias de tecido das vítimas do *kuru* estão cheias de buracos, dando ao cérebro uma aparência esponjosa. Depois de ver imagens em uma exposição em 1959, William Hadlow, veterinário especializado em patologia, notou semelhanças com a *scrapie*, uma doença fatal de ovelhas que causa sintomas como coceira, perda de coordenação e paralisia. A *scrapie* foi descoberta nos anos 1700 e estudada no século XX, quando cientistas demonstraram que poderia ser transmitida a cabras e ratos.

Scrapie e *kuru* são encefalopatias espongiformes transmissíveis. Outro exemplo, a EEB (encefalopatia espongiforme bovina), ou "doença da vaca louca", foi identificada em 1986 como uma epidemia no gado britânico, originária de farinha de carne e ossos contaminada com *scrapie*. Em humanos, a doença de Creutzfeldt-Jakob (DCJ) surge como DCJ esporádica, por meio de contaminação médica ou DCJ familiar de mutações hereditárias.

linha do tempo

1957
Kuru, na tribo fore de Papua-Nova Guiné, é estudada por Zigas e Gajdusek

1967
Griffith sugere que as proteínas podem se autorreplicar usando-se como modelos

1982
Prusiner isola agente infeccioso que causa *scrapie* e carece de ácidos nucleicos

Um quarto tipo apareceu em 1996: vDCJ (variação da DCJ), adquirida pela ingestão de carne infectada com EEB. O mistério do *kuru* havia sido resolvido décadas antes, espelhando a EEB e a vDCJ: a tribo fore praticava o canibalismo ritualístico que homenageava parentes mortos ao cozinhá-los e comê-los. Assim que a tradição foi interrompida, o mesmo aconteceu com a disseminação do *kuru*.

“Eu esperava... um pequeno vírus e fiquei intrigado quando os dados mostraram que nossos preparados continham proteína, mas não ácido nucleico.”

Stanley Prusiner

Vírus lento Na década de 1960, experimentos de Carleton Gajdusek e Joe Gibbs demonstraram um longo período de incubação entre a infecção pelo *kuru* e os sintomas, que eles explicaram por um enigmático “vírus lento”. Os pesquisadores da *scrapie* também acreditavam em um patógeno viral, um vírus tão difícil de destruir que ainda causava doença após ser armazenado em formaldeído. O agente infeccioso também era resistente aos tratamentos geralmente eficazes de calor e radiação ultravioleta.

Então, em 1972, Stanley Prusiner começou uma residência no departamento de neurologia da Universidade da Califórnia, em São Francisco. Lá ele estudou a DCJ usando hamsters e isolou o “vírus lento”. Mas repetidamente não conseguia detectar nenhum material genético, apenas proteína. Em 1982, Prusiner fez a controversa sugestão de que a *scrapie* é causada por “pequenas partículas infecciosas proteicas resistentes à maioria dos procedimentos que modificam os ácidos nucleicos”. “Partícula infecciosa proteica” (*proteinaceous infectious particle*, em inglês) foi logo encurtada para “príon”.

Proteínas infecciosas Como as proteínas podem ser contagiosas? Em 1967, o cientista teórico John Griffith propôs três mecanismos plausíveis. Um deles era a autorreplicação, na qual um agente infeccioso é uma “forma aberrante de proteína que foi produzida espontaneamente e poderia servir de modelo para induzir a produção de formas mais aberrantes”. Em 1985, Prusiner e o biólogo suíço Charles Weissmann isolaram o gene que codificava o príon de um cérebro de hamster infectado com *scrapie* e mostraram que o gene podia ser detectado em hamsters, camundongos e humanos normais. Isso provou que o material “genético” de um príon ocorre nas células. A proteína príon anormal é denominada PrP^{Sc} (Sc de “*scrapie*”) e a forma

1986
A epidemia de doença da vaca louca britânica transmite a variante da DCJ aos seres humanos

1999
Cientistas japoneses demonstram que a proteína normal protege as células cerebrais

2003
Proteína parecida com um príon que mantém a memória é descoberta por Ki e Kandel

normal é PrP^C (C de "celular"). Em 1992, Prusiner e o cientista norte-americano Fred Cohen usaram ferramentas computacionais para prever o dobramento de proteínas, o que sugeriu que as estruturas secundárias da PrP^{Sc} são principalmente "folhas beta" planas, enquanto a PrP^C consiste em estruturas alfa-hélice em forma de mola. Um príon é uma proteína mal dobrada que faz com que a forma normal mude de formato.

Aglomerados anormais Os príons são os vampiros da biologia molecular. A replicação de ácido nucleico envolve o uso de um único filamento de DNA ou de RNA como modelo. O príon, ao contrário, não cria uma cópia de si mesmo a partir do zero, mas usa sua forma como modelo para transformar uma proteína PrP^C existente na molécula vampírica PrP^{Sc}. Reações em cadeia, então, levam mais e mais proteínas a se acumularem.

A folha beta do PrP^{Sc} é mais plana que a PrP^C, permitindo que os príons formem pilhas que se tornam aglomerados anormais de fibras "amiloides". Essas fibras tóxicas matam os neurônios, levando os astrócitos a remover detritos e deixar buracos na doença espongiforme do cérebro. Como os príons são tão resistentes, as fibras permanecem enquanto os astrócitos e os buracos aumentam. Uma importante prova para sustentar a hipótese da proteína veio em 2004, quando o laboratório de Prusiner fez com que as bactérias produzissem príons, que se desenvolveram em fibras amiloides que causavam disfunção neurológica quando injetadas em camundongos. As fi-

Doenças neurodegenerativas

Como as doenças do príon, distúrbios como Alzheimer e Parkinson estão associados a aglomerados anormais que se acumulam com a idade e reduzem a capacidade cognitiva. Ao contrário dos príons, as proteínas que formam aglomerados não são agentes infecciosos, mas têm características semelhantes. Na doença de Alzheimer, a causa mais comum de demência humana, algumas regiões do córtex cerebral encolhem de tamanho à medida que aparecem os aglomerados: o peptídeo (fragmento de proteína) chamado "beta-amiloide" cria placas amiloides, enquanto a proteína "tau" forma emaranhados neurofibrilares retorcidos dentro dos neurônios que bloqueiam uma rede de transporte dentro das células. Quando beta-amiloides ou taus são transferidos de um neurônio para outro, eles podem "semear" um novo aglomerado, e é por isso que são chamados de proteínas "semelhantes a príons"; parecem ser versões incorretas que convertem proteínas normais em estruturas anormais. A "autorreplicação" pode estar fazendo com que um importante suprimento de proteínas termine, e os próprios aglomerados podem estar causando complicações (como na doença do príon), ou os dois podem ser um problema. A causa do desdobramento inicial não é conhecida, e também não está claro o que desencadeia doenças neurodegenerativas, já que apenas 10% estão ligadas a alterações genéticas. Como a exposição ao trauma e outros fatores ambientais aumentam ao longo do tempo, pode ser simplesmente devido à idade avançada.

bras amiloides podem se agrupar para formar depósitos de placas amiloides, e um processo semelhante ocorre em doenças neurodegenerativas.

Moléculas de memória Mas o que a proteína príon normal faz? Em 1992, Weissmann descobriu que a PrP^C é um receptor nas membranas celulares. Camundongos geneticamente modificados sem o gene também eram imunes à infecção por *scrapie* e permaneceram saudáveis por meses, sugerindo que a proteína é dispensável. Mas, em 1999, duas equipes de pesquisadores japoneses descobriram que, quando os camundongos não têm PrP^C, suas células cerebrais perdem a bainha de mielina que isola a atividade elétrica, e os neurônios chamados células de Purkinje morrem. Parece que as proteínas príons normais realmente protegem o cérebro.

Desde então, príons benéficos foram descobertos em muitas espécies. Há dezenas nas leveduras, por exemplo. Em 2003, os neurobiólogos Kausik Si e Eric Kandel encontraram a proteína CPEB (de ligação do elemento de poliadenilação citoplasmática) em uma lesma-marinha. Quando a CPEB se liga ao RNAm transcrito dos genes de um neurônio, essa célula produz proteínas, o que é necessário para o armazenamento da memória. Notavelmente, uma extremidade da CPEB se assemelha a um príon de levedura. Quando Si e Kandel colocaram a CPEB em células de levedura, as proteínas se transformaram em príons. Se uma célula cerebral deliberadamente transformasse a CPEB em um príon, teria o efeito colateral de assegurar que a célula continuasse produzindo proteínas. As proteínas autorreplicantes podem, portanto, explicar como a memória de longo prazo é mantida.

A ideia condensada: Proteínas autorreplicantes podem danificar ou proteger o cérebro

25 Multicelularidade

As primeiras transições importantes na história da vida complexa foram o desenvolvimento do núcleo e das mitocôndrias nas células eucariontes. Esses eventos provavelmente aconteceram apenas uma vez, enquanto a evolução de um organismo multicelular vem ocorrendo várias vezes, sugerindo que ela oferece muitas vantagens.

Um organismo unicelular solitário executa cada tarefa vital – inclusive a locomoção, proteção e reprodução – sozinho. É pau para toda obra, mas não domina nenhuma. Um organismo multicelular, ao contrário, consegue dividir os trabalhos da vida entre tecidos especializados. A divisão mais básica consiste em dois tipos de células: células reprodutivas para transmitir informações hereditárias à próxima geração e as células do corpo para todo o resto.

Divisão de trabalho A distinção entre "germe" e "soma" reprodutivos – células do corpo – foi proposta pela primeira vez em 1883 pelo zoólogo alemão August Weismann, que sugeriu que essa divisão de trabalho capacitava os organismos a desenvolver organismos complexos. Por meio da diferenciação, soma dá origem a células para trabalhos diferentes, especializadas em tudo, da alimentação à fotossíntese. Um organismo é multicelular se suas células forem especializadas, ficarem juntas, dependerem umas das outras e se comunicarem. Sem essas quatro características, um "corpo" é apenas uma colônia de células. No entanto, ancestrais das espécies vivas não estão mais por aqui para termos um pouco mais de noção sobre as origens. Com base em duas características – a adesão celular e a comunicação –, a multicelularidade surgiu dez vezes: uma vez no reino animal, três vezes em fungos e seis em plantas.

União Como se originou a multicelularidade? Os eventos que deram origem aos organismos modernos aconteceram há milhões de anos, então cientistas muitas vezes comparam espécies unicelulares com parentes multicelulares. O modelo perfeito é o sistema Volvocale, uma família de algas verdes. Estudando cepas mutantes de *Volvox*, biólogos desenvolvimentistas

linha do tempo

1883
Weismann descreve a divisão de trabalho e diferencia germe de soma

1987
Leo Buss discute a seleção de células e grupos em *The Evolution of Individuality* [A evolução da individualidade]

1988
Shapiro argumenta que algumas bactérias devem ser consideradas organismos multicelulares

Biofilmes

As bactérias frequentemente formam um biofilme, uma matriz extracelular que mantém as células juntas em uma espécie de limo. Esse tapete microbiano é feito de açúcares, proteínas, lipídios e ácidos nucleicos, material liberado pelas células depois que elas explodem em um ambiente estressante. Isso faz com que os organismos próximos alterem sua atividade genética e, portanto, suas características e comportamento. Um biofilme cria uma barreira que permite que uma série de células compartilhe metabólitos, mas, principalmente, bloqueia a entrada de substâncias tóxicas. Biofilmes formados a partir de *Staphylococcus aureus* e *E. coli* contêm células mais resistentes aos antibióticos, por exemplo, o que tem implicações no bloqueio de superbactérias como SARM. Os filmes podem se formar na maioria das superfícies, desde uma camada fina na interface ar-água até as placas de Petri em laboratório. Embora um biofilme tenha muitas características de multicelularidade (como se unir), e as células possam compartilhar benefícios como a defesa contra predadores, é uma forma transitória. Ao contrário de um corpo multicelular, os biofilmes nem sempre são compostos de células da mesma origem. Podem até não ser da mesma espécie. Como resultado, há muito mais conflito de interesses e competição dentro da "comunidade", deixando-a vulnerável ao surgimento de células enganadoras, tornando as esteiras instáveis.

descobriram vários genes que controlam como a alga faz germes grandes e células somáticas menores, ou "gonídias". Em 1999, Stephen Miller e David Kirk descobriram o glsA (*gonidialess* A), um gene necessário para a divisão assimétrica – um glsA mutado cria células de tamanho igual. Em 2003, Miller isolou o gene equivalente do unicelular *Chlamydomonas* e o deu ao *Volvox* mutante, fazendo com que o organismo multicelular recuperasse as células de tamanhos diferentes. Geneticistas liderados por Daniel Rokhsar compararam os genomas de ambas as espécies em 2010: embora notavelmente semelhantes em cerca de 14.500 genes cada, o *Volvox* tem mais genes que codificam proteínas de paredes celulares e matriz extracelular – genes para manter as células unidas.

Dependência e comunicação Em 1988, a revista *Scientific American* publicou um artigo seminal do geneticista James Shapiro que desafiava a visão de micróbios sendo células únicas: "Bacteria as Multicellular Organisms" [Bactérias como organismos multicelulares]. Um de seus exemplos foi a cianobactéria *Anabaena cylindrica*. As cianobactérias regulares fotossintetizam

1999

Miller e Kirk descobrem um gene para divisão em *Volvox* multicelular

2010

Genomas de *Volvox* e *Chlamydomonas* unicelulares revelam poucas diferenças

2014

Libby e Ratcliff argumentam que a multicelularidade inicial é estabilizada por agrupamento (estilo catraca)

e absorvem o nitrogênio atmosférico em diferentes momentos, à medida que as reações metabólicas dos dois processos interferem umas nas outras. Mas a forma filamentosa da *Anabaena* consiste em cadeias de células que permanecem ligadas devido à separação incompleta após a divisão. Elas são especializadas em células fotossintéticas, heterocistos de fixação de nitrogênio, acinetos (células em repouso) e hormogônios que se movem ao redor. Os dois primeiros não podem se reproduzir, mas os dois últimos podem, como a divisão soma/germe de um corpo complexo.

“O princípio da divisão do trabalho que apareceu entre os organismos multicelulares... gradualmente levou à produção de uma complexidade cada vez maior em sua estrutura.”

August Weismann

Entretanto, formas filamentosas e outros padrões são menos manobráveis e aumentam a competição por recursos devido à alta densidade de células. Então, por que formar um corpo? Em 2006, os ecologistas Gianluca Corno e Klaus Jurgens cultivaram *Flectobacillus* de água doce com a alga bacterívora *Ochromonas* e descobriram que mais de 80% das presas se transformaram em filamentos não comestíveis formados a partir de múltiplas células alongadas. Assim, um gatilho para a transição para a vida multicelular pode acontecer simplesmente quando um corpo maior é menos propenso a ser comido por predadores.

Individualidade A transição do grupo de células para o corpo multicelular é uma profunda mudança ecológica, da competição à cooperação, e envolve redefinir o que significa ser um organismo individual. Durante esse tempo, a seleção funciona em vários níveis, dependendo de como a vida em grupo afeta a capacidade de sobrevivência e reprodução de uma célula. Se os custos superarem os benefícios (como visto nos biofilmes bacterianos), a seleção no nível celular rapidamente superará a seleção em nível de grupo.

Então, como a multicelularidade pode ser estabilizada? Um cenário é que a seleção natural poderia favorecer um traço que beneficia a aptidão de uma célula em um grupo, mas o torna oneroso se a célula deixar o grupo. Em 2012, William Ratcliff testou isso com a evolução experimental em uma levedura normalmente unicelular, a *Saccharomyces cerevisiae*. Ele deu às células 45 minutos para se instalar num tubo de ensaio antes de transferir aquelas que estavam no fundo para um novo tubo, repetindo o procedimento sessenta vezes, de forma que a seleção artificial favoreceu os agregados multicelulares pesados. Surpreendentemente, a levedura desenvolveu um segundo traço além de adesão: altas taxas de apoptose, a morte celular programada.

Com base em modelos matemáticos, Ratcliff e Eric Libby sugeriram que a morte de “elos fracos” permite que as células superem as restrições do tubo

Modelo de multicelularidade

Um sistema-modelo perfeito para estudar a evolução multicelular é o Volvocale, uma família de algas verdes cujos membros vão de organismos unicelulares a corpos contendo milhares de células. Os cientistas geralmente comparam duas espécies: *Chlamydomonas reinhardtii*, que é unicelular e absorve seus flagelos em forma de chicote antes da divisão, e *Volvox carteri*, que tem cerca de dezesseis células reprodutivas grandes dentro de uma esfera transparente, uma matriz gelatinosa com 2 mil pequenas células do corpo, cada uma com flagelos que conduzem o corpo esférico em direção à luz solar para a fotossíntese.

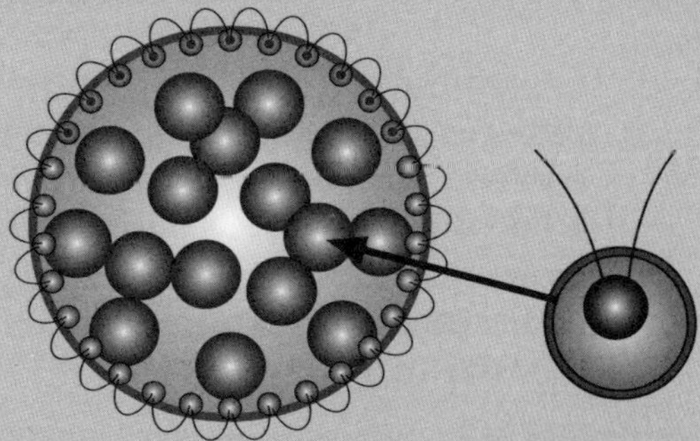

Volvox carteri — *Chlamydomonas reinhardtii*

de ensaio; romper elos produz células menores e de crescimento rápido. A apoptose é uma adaptação à vida em grupo, mas é mal adaptativa se as células se libertarem de um grupo, já que a alta taxa de suicídio as torna menos competitivas em relação às outras células de vida livre. Traços como a apoptose poderiam funcionar como cliques em uma catraca evolutiva, entrincheirando as células em um estilo de vida de grupo e dificultando a reversão para uma existência solitária.

A ideia condensada: As células perdem sua individualidade para se tornarem um corpo multicelular

26 Circulação

Os animais alimentam a maioria das reações metabólicas pela respiração celular, absorvendo oxigênio e nutrientes e excretando os produtos residuais do metabolismo. Dentro do corpo, as substâncias se movem entre as células e o meio ambiente através de vasos sanguíneos ou outras redes de transporte: um sistema cardiovascular, circulatório.

Um corpo tridimensional cria um desafio fisiológico, nitidamente ilustrado ao se pensar em uma folha de plástico-bolha: quando plana, você consegue estourar facilmente qualquer bolha, independentemente do tamanho da folha, mas, se enrolar o plástico em um cilindro, ficará muito mais difícil alcançar as células centrais. Nessa metáfora, estourar uma bolha representa a taxa de difusão, o movimento das moléculas ao longo de um gradiente de concentração (de alto para baixo). A difusão é adequada para mover metabólitos através da superfície de uma folha multicelular, mas não através de um corpo tridimensional. Com mais células, o volume aumenta mais rápido que a área de superfície e fica impossível atender às demandas metabólicas das células apenas por difusão. Uma solução é elevar a relação área-volume dobrando-se: a água-viva faz isso criando uma cavidade corporal que não está realmente dentro do corpo, mas contínua ao seu ambiente aquoso. Para um corpo 3D sólido, no entanto, a circulação é necessária para transportar metabólitos.

Sistemas abertos e fechados A circulação usa vasos interconectados – um "sistema vascular" – e bombas que movimentam o sangue pelo corpo. Em um sistema circulatório fechado, o sangue permanece nos vasos, enquanto as células são completamente banhadas em "fluido intersticial". Metabólitos são trocados por difusão através de uma camada chamada endotélio, e o fluido intersticial com frequência vaza para o sistema linfático, onde forma "linfa" antes de ser reciclado de volta ao sangue. Em um sistema aberto, o sangue deságua na cavidade do corpo, hemocele, e os vasos não são revestidos por um endotélio. Como não há distinção entre os três flui-

linha do tempo

aprox. 200	1543	1559
Galeno coloca o fígado no centro do sistema vascular aberto	O coração humano tem dois lados separados, de acordo com Vesalius	Colombo afirma que o sangue do coração circula pelos pulmões

Sistemas cardiovasculares de vertebrados

Os sistemas circulatórios são simples ou duplos, dependendo se os corações são ou não divididos. O coração de um peixe tem um átrio que leva a um ventrículo, então o sangue é bombeado para o corpo através de seus órgãos de troca de gás, as brânquias. Aves e mamíferos têm um duplo sistema circulatório, no qual o coração é dividido em lado esquerdo e direito, separando o sangue desoxigenado dirigido aos pulmões – um circuito pulmonar – do sangue oxigenado destinado ao corpo, o circuito sistêmico. Outros vertebrados têm separação parcial em um sistema esquerdo e direito.

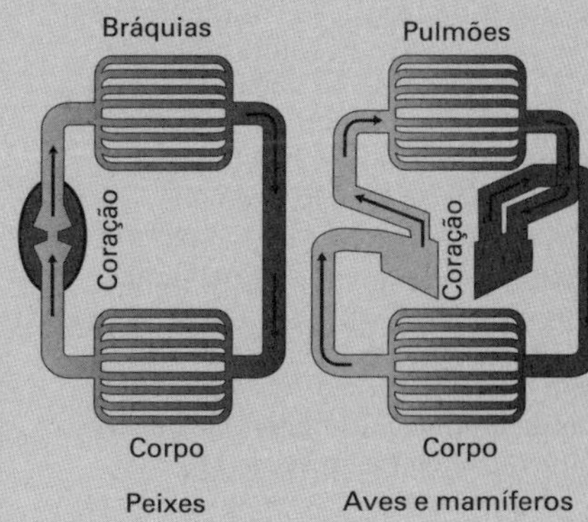

dos, é conhecido como hemolinfa ou, simplesmente, "sangue". Todos os vertebrados possuem um sistema circulatório fechado, enquanto os invertebrados possuem o que se adapta a seus estilos de vida mais diversificados. A maioria dos moluscos, crustáceos e artrópodes (incluindo insetos) possui sistemas abertos, mas os moluscos são interessantes porque, ao lado de bivalves, como ostras, e gastrópodes, como caramujos, o grupo também inclui cefalópodes, como polvos e lulas. Estes últimos possuem um sistema fechado com corações poderosos, uma adaptação a um estilo de vida ativo que inclui natação e comportamento predatório.

Sistemas cardíaco e vascular Hoje sabemos que o órgão central de um sistema vascular é o coração. Mas, por quase 1.400 anos, a anatomia foi dominada pelas ideias de um homem: o médico grego Galeno, nascido por volta de 130 d.C. Galeno disse que o sangue era produzido pelo fígado usando alimentos do intestino, depois consumido pelos tecidos – um sistema aberto que não reciclava o fluido. O fígado era central nesse sistema, e o sangue era infundido com "espíritos vitais", uma mistura de ar dos pulmões e calor do coração. O coração não era uma bomba, e o septo que separava as câmaras esquerda e direita continha poros.

1603
Válvulas unidirecionais em vasos sanguíneos são descobertas por Fabricius

1628
Harvey coloca o coração no centro do sistema circulatório fechado

1661
Sistemas de troca de gás e vasos capilares são observados por Malpighi

Plantas vasculares

Corpos tridimensionais originaram-se duas vezes: animais multicelulares surgiram há cerca de 700 milhões de anos, enquanto as plantas colonizaram hábitats terrestres há 450 milhões de anos. Por meio da evolução convergente, as plantas terrestres encontraram soluções semelhantes para viver com células múltiplas e diversas, inclusive um eixo da raiz dos brotos análogo à morfologia cabeça--cauda animal, e meristemas apicais – células-tronco no crescimento das pontas dos tecidos. As plantas não têm sistema circulatório, mas um sistema de transporte vascular que leva fluido através de dois tipos de vasos: floema e xilema. Os tubos do floema são cheios de seiva e revestidos de células vivas, que empurram ativamente os açúcares da fotossíntese para a seiva, de onde se difundem para as células. O xilema consiste em células mortas que sugam passivamente a água e os nutrientes dissolvidos para cima. Após a difusão através de uma membrana (osmose) do solo para a raiz, o líquido supera a gravidade por meio da ação capilar e é usado para substituir a água perdida pela transpiração dos poros das folhas (estoma) ou por evaporação das superfícies. As paredes das células vegetais contêm celulose e lignina, que resistem à compressão e outras tensões, proporcionando o suporte estrutural que permite que as plantas fiquem altas.

As ideias de Galeno permaneceram amplamente incontestadas até o século XVI, quando os anatomistas italianos da Universidade de Pádua destacaram seus erros. Por exemplo, Andreas Vesalius mostrou que o sangue não passa pelo septo do coração, enquanto Realdo Colombo afirmou que o sangue flui através dos pulmões em um circuito pulmonar. Em 1603, Hieronymus Fabricius descobriu que as veias têm válvulas unidirecionais que impedem o sangue de fluir para trás, mas foi o médico inglês William Harvey, seu ex-aluno, que finalmente refutou o dogma de Galeno. Harvey mediu o volume de sangue que drenava de vários mamíferos e calculou que era muito mais do que poderia vir da comida. A partir disso, concluiu que "o sangue no corpo animal é impulsionado em um círculo e está em um estado de movimento incessante". Em 1616, Harvey iniciou palestras no College of Physicians para demonstrar sua teoria de circulação em diversos animais e também revelou a direção do fluxo sanguíneo usando um torniquete em um braço humano, fazendo com que os vasos ficassem intumescidos e mostrando que as artérias vêm do coração, enquanto as veias vão em direção a ele.

O livro de Harvey de 1628, *Anatomical Exercise on the Motion of the Heart and Blood in Animals* [Exercício anatômico sobre o movimento do coração e sangue em animais], inclui uma dedicatória ao rei que afirma que "todo poder procede" do coração. Mas Harvey estava apenas parcialmente certo: a maioria dos animais tem um único órgão, mas alguns têm múltiplos corações. Polvos têm um coração sistêmico para bombear sangue para o corpo, além de dois corações acessórios que alimentam as brânquias. As minhocas e outros anelídeos não têm um único órgão e empurram o sangue através de seu sistema fechado de circulação ao apertar seu corpo, uma onda coordenada de "peristaltismo" ou contração muscular semelhante ao modo como se dá o movimento da comida no sistema digestório.

"O coração dos animais é o fundamento de sua vida, o soberano de tudo dentro deles, o Sol de seu microcosmo, do qual depende todo o crescimento, a partir do qual todo o poder procede."

William Harvey

Sistemas de troca de gás Uma parte do sistema vascular que Harvey não encontrou foram os vasos sanguíneos que alimentam as células. Embora sugerisse que eles existiam, esses capilares não foram observados até 1661, quando o biólogo italiano Marcello Malpighi os viu enquanto estudava pulmões de rã ao microscópio. Malpighi também propôs que é na superfície do pulmão que os gases entre o ar e o sangue são trocados, algo que agora sabemos que ocorre por difusão através das paredes dos vasos capilares. A respiração usa o oxigênio e libera dióxido de carbono, gases que geralmente estão ligados a pigmentos respiratórios, como o heme da hemoglobina, e geralmente transportados pelas células do sangue.

Malpighi descobriu que os insetos não transportam gases no sangue, mas usam o sistema traqueal, que se abre nos poros do exoesqueleto (espiráculos) e leva a um arranjo de tubos, aproximando o ar o suficiente para difusão no sangue que banha as células. Répteis, mamíferos e aves também usam tubos ramificados, com traqueia e brônquios levando a bolsas de ar infláveis, enquanto peixes forçam a água através de suas brânquias, e alguns anfíbios contam puramente com a difusão de gases através da pele. A respiração fisiológica é frequentemente descrita como um processo distinto que termina com a troca gasosa, mas é melhor pensar nos sistemas respiratório e vascular como circulação conectada.

A ideia condensada: Sistemas de transporte superam as desvantagens da difusão

27 Envelhecimento

A morte é um fenômeno natural. Na natureza, os organismos geralmente sucumbem a desafios ambientais, como predadores, doenças ou ferimentos acidentais. Os indivíduos que sobrevivem a essas causas "extrínsecas" da mortalidade enfrentam a mortalidade "intrínseca": morrem de velhice. No entanto, o tempo de vida máximo difere entre as espécies, o que levanta a questão de por que nós envelhecemos.

Uma explicação ultrapassada para o envelhecimento, ainda ouvida hoje, é que os indivíduos morrem para dar espaço à próxima geração. Isso implica que a seleção natural age "pelo bem do grupo" para evitar a superlotação. Como disse o biólogo alemão August Weismann, em 1889: "Indivíduos desgastados não são apenas sem valor para a espécie, mas são até prejudiciais, pois tomam o lugar daqueles que são sadios". Esse argumento ingênuo não só contribui para a discriminação etária na sociedade como também desafia a lógica evolucionária, pois uma população "suicida" é vulnerável a trapaceiros: se um indivíduo imortal emergisse, se beneficiaria do sacrifício de outros sem incorrer no custo de sua própria morte. Sua prole poderia então espalhar seu "gene da imortalidade" através de um *pool* genético, eliminando o envelhecimento.

Explicações evolucionárias Tanto da perspectiva individual quanto do "gene egoísta" (ver capítulo 46), a imortalidade tem uma grande vantagem: um organismo pode continuar a procriar. Então, como o envelhecimento conseguiria persistir? Em uma palestra de 1951, o zoólogo Peter Medawar ofereceu duas percepções importantes. Primeiro, distinguiu o processo de envelhecimento do que chamou de "senescência": os sintomas biológicos que diminuem o desempenho corporal e aumentam o risco de mortalidade extrínseca de, digamos, um predador. Segundo, apontou que a força da seleção natural diminui com a idade, por isso não pode influenciar mutações que causem condições letais, como câncer e doenças cardiovasculares.

linha do tempo

1889	1951	1961
Weismann sugere que indivíduos mais velhos morrem pelo bem das espécies	Medawar enfatiza que a força da seleção natural diminui com a idade	Hayflick revela limite para o número máximo de divisões celulares

Extensão de vida

A maneira mais confiável de prolongar a vida útil é comer menos, conhecida como restrição calórica ou dietética, conforme demonstrado em diversos organismos. No camundongo, por exemplo, reduzir a ingestão de alimentos em 30% a 40% promove a longevidade, retarda os sinais fisiológicos de envelhecimento e ajuda a prevenir doenças. O modo como isso funciona não está claro, mas, em 1999, o biólogo molecular Leonard Guarente sugeriu que proteínas chamadas sirtuínas estão envolvidas nesse processo. Sua equipe descobriu a Sir2, uma sirtuína que prolonga a vida útil das células de levedura, e, um ano depois, descobriu que ela controla outras proteínas, resultando em metabolismo alterado e resposta ao estresse celular. Os animais têm meia dúzia de equivalentes da Sir2, incluindo a SIRT1, que o geneticista David Sinclair mostrou que pode ser ativada por pequenas moléculas para imitar a restrição de calorias, aumentando a possibilidade de desenvolver drogas para alcançar os mesmos efeitos. Uma molécula estimulante da sirtuína é o resveratrol, substância química encontrada na casca da uva que (supostamente) torna o consumo de vinho tinto bom para sua saúde. Em 2006, duas equipes mostraram que ratos que receberam resveratrol podem ingerir uma dieta altamente calórica sem ganhar peso ou desenvolver diabetes. Alguns pesquisadores contestam os efeitos do resveratrol e dos genes de longevidade da sirtuína, mas os resultados que prolongam a vida da restrição dietética permanecem firmes.

A seleção natural não consegue perceber uma mutação genética a menos que crie um fenótipo visível. Uma mutação que reduza o desempenho no início da vida pode fazer com que um indivíduo seja vítima da sobrevivência do mais apto, mas uma mutação que causa a senescência mais tarde é efetivamente invisível. Isso leva ao declínio na força da seleção ao longo da vida: se um gene mutante reduzir o desempenho antes de se reproduzir, ele não será transmitido, mas, se uma mutação causar a senescência após a reprodução, é tarde demais; os genes já foram herdados. As causas da senescência podem, portanto, acumular-se ao longo do tempo evolucionário – a teoria do envelhecimento por "acúmulo de mutações" de Medawar.

Os tecidos do corpo são "germes" reprodutivos ou tudo o mais: "soma". O germe transmite genes para a próxima geração, enquanto o soma é excluído quando os organismos morrem. Essa é a base da teoria do "soma descartável" proposta por Tom Kirkwood em 1977, que vê o envelhecimento como um dilema entre os dois lados da aptidão evolucionária: a sobrevivência

1977
Teoria do soma descartável para evolução do envelhecimento é proposta por Kirkwood

1982
É demonstrado que telômeros nas extremidades do DNA protegem os cromossomos em diferentes organismos

2004
A comparação de gêmeos humanos revela que o envelhecimento tem uma causa majoritariamente ambiental

(crescimento, manutenção e reparação do soma) e a reprodução (produção de células germinativas como espermatozoide e óvulo). A teoria de Kirkwood alega que, com a limitação de recursos ecológicos como os alimentos, a energia gerada pelo metabolismo também é limitada. Isso leva a decisões econômicas ao alocar recursos entre processos fisiológicos: quando os tempos são difíceis, a prioridade é a sobrevivência, mas os recursos extras permitem o luxo da reprodução.

Expectativa de vida programada As instruções da vida são codificadas dentro dos genes, então a morte também é programada pelo DNA? À primeira vista, parece que sim. Em 1961, o anatomista Leonard Hayflick demonstrou que, depois de cultivar células em uma placa de Petri, elas paravam após cerca de cinquenta divisões, marca agora chamada de "limite de Hayflick". Na década de 1980, a bióloga molecular Elizabeth Blackburn descobriu que os telômeros – sequências de DNA que protegem as extremidades dos cromossomos – são perdidos durante a divisão celular, o que implica que a perda de telômeros é um temporizador de contagem regressiva para a aposentadoria celular. Estudos em animais também encontraram genes ligados à longevidade. Em 1993, por exemplo, a biogerontologista Cynthia Kenyon identificou uma única mutação que dobra a vida útil dos vermes.

Mas, assim como muitos fenótipos determinados pelos genes, a senescência também é influenciada pelo ambiente. As abelhas desenvolvem-se em rainhas ou operárias, dependendo da comida que recebem quando larvas, mas a expectativa de vida média é de dois anos para rainhas e meses para as operárias, sem diferença no DNA. Em humanos, as contribuições relativas da natureza e da nutrição podem ser medidas comparando gêmeos, que compartilham genomas quase idênticos, mas raramente morrem na mesma idade: uma pesquisa de 2004 com mais de 2.700 pares de gêmeos descobriu que a genética explicava apenas 20% das deficiências relacionadas à idade, destacando o impacto ambiental sobre o restante.

Mecanismos moleculares O envelhecimento do corpo é impulsionado pelo desgaste das células, como o acúmulo de proteínas que se desenvolvem incorretamente devido a estresse e mutações no DNA mitocondrial. Por exemplo, "radicais livres" (formas reativas de oxigênio) são produzidos durante a respiração e vazam de mitocôndrias mutadas para reagir com moléculas no citoplasma. Os sistemas de manutenção e reparo ajudam a prevenir a senescência celular, mas seu desempenho diminui com o tempo. Em 1992, Alexander Bürkle mediu a atividade de uma enzima reparadora de DNA (PARP1) em células de uma dúzia de mamíferos e encontrou uma relação entre a atividade enzimática e o tempo de vida máximo de uma espécie: nos extremos, os humanos têm cinco vezes mais reparo de DNA do que os ratos, que vivem apenas de três a quatro anos.

Então, por que envelhecemos? A manutenção e o reparo de células usam energia e, de acordo com a teoria do soma descartável, a senescência é um legado de compensações na alocação de recursos entre a reprodução e a sobrevivência. Isso ajuda a explicar por que a restrição alimentar pode prolongar a expectativa de vida, já que a sobrevivência se torna a prioridade quando há falta de comida. Também corrobora a pesquisa da biogerontologista Linda Partridge, que descobriu que os sinais enviados por meio do hormônio insulina e do "fator de crescimento semelhante à insulina" podem detectar nutrientes e regular processos como o crescimento e o metabolismo. Os organismos não precisam manter o corpo em perfeitas condições, apenas bem o suficiente para sobreviver além do ponto de fertilidade, o que determina sua história de vida: na natureza, mais de 90% dos ratos morrem com um ano de vida, então sua expectativa de vida de três anos é tempo de vida mais que suficiente para se reproduzir. A medicina moderna e a tecnologia agora defendem os humanos das causas extrínsecas da mortalidade, como doenças e predadores, e assim morremos por causa da mortalidade intrínseca. Nós, humanos, nos preocupamos com o envelhecimento simplesmente porque vivemos o suficiente para vivenciá-lo.

"No período pós-reprodutivo da vida, a influência direta da seleção natural é reduzida a zero, e as principais causas de morte hoje estão além de seu alcance."

Peter Medawar

A ideia condensada: O tempo de vida é um dilema entre sobrevivência e reprodução

28 Células-tronco

No início do desenvolvimento, as células animais têm o potencial de criar praticamente qualquer parte do corpo. Pesquisadores que esperavam aproveitar esse poder para aplicações médicas estavam restritos ao uso de células embrionárias, mas estudos em ratos e rãs revelam que as células-tronco também podem ser produzidas pela reprogramação de tecidos especializados.

Por que as células-tronco são tão especiais? Durante o desenvolvimento, um óvulo fertilizado se divide e seus descendentes especializam-se em diferentes funções, desde células sanguíneas portadoras de oxigênio até a pele protetora. Esse processo de "diferenciação" cria mais de duzentos tipos de células no corpo humano. O primeiro a visualizar como isso acontece foi o naturalista e artista alemão Ernst Haeckel. Em 1868, ele desenhou uma "árvore da vida" na qual o tronco central representava o ancestral de toda a vida, um organismo unicelular que Haeckel chamava de célula-tronco, "Stammzelle". Em 1877, Haeckel estendeu o conceito à embriologia, propondo que um óvulo fertilizado também é uma célula-tronco.

A diferenciação forma uma hierarquia semelhante a uma árvore com o embrião como o tronco, células especializadas como folhas e células-tronco como ramos (mas não rebentos). A pesquisa com células-tronco deve muito a um ramo: a hematopoiese ou formação de células sanguíneas. Em 1896, o hematologista alemão Artur Pappenheim descreveu o progenitor dos glóbulos vermelhos e brancos como uma "célula-tronco". Então, em 1905, ele desenhou uma genealogia de células irradiando de um progenitor central. A primeira grande descoberta em ciência de células-tronco veio em 1960, quando os pesquisadores canadenses de câncer James Till e Ernest McCulloch descobriram que algumas células na medula óssea de camundongos são sensíveis à radiação. Em 1963, a dupla transplantou essas células em baços de ratos, onde se multiplicaram para produzir células sanguíneas.

linha do tempo

1877
Haeckel sugere que a diferenciação celular se assemelha a uma hierarquia semelhante à de uma árvore

1960
Células-tronco adultas na medula óssea são descobertas por Till e McCullock

1962
A clonagem de rãs de Gurdon prova que a diferenciação pode ser revertida

Potencial Till e McCulloch revelaram as duas principais características das células-tronco: elas se dividem indefinidamente e têm o potencial de originar células especializadas. O poder de produzir outros tipos de células depende da posição de uma célula na árvore de diferenciação. As células estaminais hematopoiéticas são "multipotentes", porque o ramo produz células sanguíneas diferentes, enquanto um óvulo fecundado é "totipotente", pois cria todo o corpo. Na maioria dos mamíferos, uma bola oca de células chamada de blastocisto contém uma massa celular interna "pluripotente" que, se implantada, forma um embrião e todos os tecidos, exceto a placenta.

Desenvolvimento de células sanguíneas

As células dividem-se e se especializam, formando uma árvore genealógica de diferentes células. Nos vertebrados, o ancestral de todas as células sanguíneas é uma célula estaminal hematopoiética, que dá origem a dois ramos: o lado "mieloide" inclui eritrócitos (glóbulos vermelhos) e macrófagos, enquanto o lado "linfoide" inclui as células produtoras de anticorpos do sistema imunológico: linfócitos T e B.

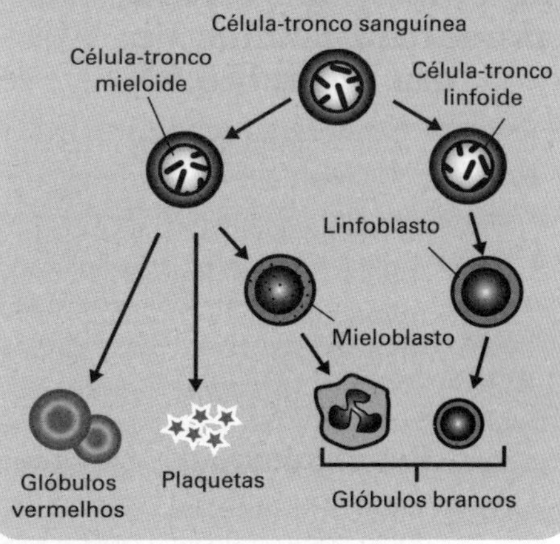

Células-tronco embrionárias foram primeiramente isoladas de blastocistos de camundongos pelos embriologistas britânicos Martin Evans e Matthew Kaufman em 1981. Células-tronco embrionárias humanas foram cultivadas em 1998 pelo biólogo norte-americano James Thomson. As células estaminais adultas são raras (surge uma célula estaminal hematopoiética em cada 10 mil células sanguíneas) e são apenas multipotentes. Células embrionárias pluripotentes podem ser obtidas de forma relativamente fácil a partir de blastocistos "disponíveis" descartados do tratamento de fertilização *in vitro*, mas isso levanta preocupações éticas, sobretudo entre pessoas que acreditam que a vida começa na concepção, antes que o blastocisto se torne um embrião.

Clonagem Outra questão ética para as células-tronco é desenvolver um ser humano por meio da clonagem reprodutiva. No entanto, atualmente, as

1981
Células-tronco embrionárias de camundongos são isoladas e desenvolvidas em cultura por Evans e Kaufman

1988
Células-tronco embrionárias humanas são isoladas e desenvolvidas em cultura por Thomson

2006
Yamanaka cria células-tronco pluripotentes induzidas a partir de células diferenciadas

leis em todo o mundo impedem essa clonagem, e pesquisas fazem clonagem terapêutica no nível de genes, e não de indivíduos. No entanto, a clonagem animal reprodutiva forneceu informações importantes.

> **“Movendo o núcleo de uma célula somática para um óvulo, há um notável efeito de reprogramação... mudando-o do tipo especializado da célula diferenciada de volta para o tipo de célula-tronco de um embrião.”**
>
> **John Gurdon**

A diferenciação, por exemplo, já foi pensada como um processo unidirecional: as células do ramo que leva à pele não poderiam recuar e se transformar em sangue. Na década de 1950, experimentos de Thomas King e Robert Briggs mostraram que, quando um núcleo de rã é transplantado para um óvulo substituto, os animais se desenvolvem normalmente, mas a transferência para um embrião maduro significa menos rãs. Esse fato sugeriu que algo no núcleo se perde durante o desenvolvimento. Em 1962, o biólogo britânico John Gurdon chegou a uma conclusão diferente. Estudando rãs-de-unhas-africanas albinas e usando luz ultravioleta para destruir o DNA em um óvulo substituto, Gurdon usou uma micropipeta para substituir o núcleo por um maduro do epitélio (revestimento) do intestino de um girino. De 726 ovos, a maioria desenvolvida anormalmente, dez cresceram e viraram girinos – os primeiros animais clonados de células não embrionárias. Isso não apenas provou que a diferenciação poderia ser revertida como sugeriu que o citoplasma do óvulo poderia reprogramar efetivamente o núcleo.

Reprogramação As várias células do seu corpo têm essencialmente o mesmo conjunto de genes, então o que as torna diferentes? Pense no seu genoma como o sistema operacional de um computador. Ao usá-lo para tarefas específicas ao longo do tempo, você instala um *software* que faz com que ele se torne mais especializado. O mesmo é verdade em uma célula, que contém proteínas chamadas “fatores de transcrição”, que se ligam a interruptores no DNA e ligam e desligam os genes. Fatores de transcrição são marcas epigenéticas que se transmitem ao citoplasma quando uma célula se divide, programando suas filhas para serem de um tipo celular específico. No entanto, o citoplasma do óvulo limpa o *software* do disco rígido do genoma.

O grande avanço na reprogramação do genoma veio em 2006, do cientista japonês Shinya Yamanaka. Pesquisas anteriores mostraram que as células-tronco ativam os fatores de transcrição, então Yamanaka criou fibroblastos geneticamente modificados (células especializadas), nas quais os genes dos fatores de transcrição estavam sempre ativos. Uma combinação de quatro genes, agora chamados de “fatores Yamanaka”, produziu células com aparência, comportamento e atividade genética semelhantes às células-tronco embrionárias.

A ovelha Dolly

A técnica de clonagem usada por John Gurdon em 1962, conhecida como transferência nuclear de células somáticas, também foi usada pelos biólogos britânicos Keith Campbell e Ian Wilmut para criar o primeiro mamífero clonado a partir de uma célula adulta: a ovelha Dolly. Em 1997, eles revelaram um cordeiro de sete meses criado de células da pele de uma ovelha de seis anos de idade. Como as células vieram da glândula mamária de adulto, o cordeiro recebeu o nome da cantora *country* de seios grandes Dolly Parton. O mamífero foi criado após centenas de tentativas fracassadas, principalmente porque é difícil reprogramar células. Depois que um núcleo é transferido, as proteínas no citoplasma do óvulo do substituto invertem os interruptores genéticos, reprogramando o genoma introduzido e permitindo que ele direcione o desenvolvimento de um embrião em vez de uma célula adulta. Campbell e Wilmut acionaram esse processo com uma descarga de eletricidade, o que provavelmente não é ideal para reprogramação.

A abordagem de Yamanaka envolve o estímulo, então cria células-tronco pluripotentes induzidas (iPS). Pesquisadores não sabem se os quatro fatores de Yamanaka são os melhores para fazer células iPS; depois de uma semana de divisão, apenas uma em mil se torna pluripotente, e ainda não está claro como a reprogramação funciona. Enquanto isso, células embrionárias foram convertidas em células oculares para tratar uma doença comum que leva à cegueira: degeneração macular relacionada à idade. A terapia com células-tronco também foi alcançada com células iPS, que têm a vantagem de se originar de um paciente, minimizando o risco de rejeição imunológica. Consertar o corpo com as próprias células logo será uma realidade.

A ideia condensada: A programação do genoma cria diferentes células

29 Fertilização

A fusão de espermatozoide e óvulo merece ser chamada de "milagre da concepção"; apenas um em 1 milhão de espermatozoides humanos se aproxima do óvulo, por exemplo. Para vencer esses obstáculos impressionantes, os animais têm estratégias que ajudam a unir as duas células reprodutivas.

Quando a reprodução sexual combina espermatozoides e óvulos de diferentes indivíduos, os dois gametas são frequentemente separados por tremendas distâncias. Para conseguir rachar um óvulo, um espermatozoide humano precisa viajar mais de mil vezes seu comprimento. A fertilização de um óvulo por um espermatozoide é semelhante em todo o reino animal, como visto em 1875 pelo embriologista alemão Oscar Hertwig, que descreveu pela primeira vez a fusão de gametas masculinos e femininos de ouriços-do-mar, que forneceram inúmeras percepções sobre o processo de fertilização.

Botar ovos A fertilização pode ser interna ou externa, mas ambos os processos geralmente envolvem um ambiente líquido onde os espermatozoides nadam em direção aos óvulos. Com a fertilização externa, as fêmeas móveis podem depositar seus ovos em um local específico – como na fertilização de óvulos de sapos –, enquanto os animais sésseis, como os corais, liberam os ovos na água, ou afundam no leito do mar ou no leito do rio ou se espalham pela liberação de gametas. A fertilização interna envolve órgãos sexuais. Nos mamíferos, o pênis ejacula o sêmen na vagina ou no útero, e o óvulo e o espermatozoide se encontram no oviduto.

O gameta masculino é menor que o gameta feminino, e é por isso que o espermatozoide chega aos óvulos, não o contrário. Na cultura popular, a fertilização é frequentemente descrita como um grande número de espermatozoides correndo em direção a um óvulo em uma competição para fertilizá-lo. A realidade é que os espermatozoides enfrentam um grande desafio para encontrar o óvulo. Dos 5 milhões de espermatozoides ejaculados por camundongos, por exemplo, apenas cerca de vinte atingem o oviduto.

linha do tempo

1875
Fusão de óvulos e espermatozoides é observada pela primeira vez por Hertwig

1912
Quimiotaxia de espermatozoides em ouriços-do-mar é demonstrada por Lillie

1978
Nasce o primeiro bebê pela técnica de fertilização *in vitro* de Edwards e Steptoe

Esperma-guia Durante a fertilização externa, os espermatozoides navegam usando quimiotaxia, o movimento em direção à fonte de um produto químico. Esse movimento foi descrito no ouriço-do-mar *Arbacia punctulata* pelo embriologista norte-americano Frank Lillie em 1912. Quando Lillie adicionou uma gota de água do mar – previamente exposta a óvulos não fertilizados – a uma suspensão de esperma, os gametas masculinos formaram um anel ao redor do extrato de ovo, sugerindo que os gametas femininos secretam uma substância para atraí-los. Esse produto químico – o *resact* – foi isolado pelos farmacologistas J. Randall Hansbrough e David Garbers em 1981. O *resact* desperta canais na membrana do espermatozoide para permitir que os íons fluam para dentro e para fora da célula, determinando a frequência com que ele bate a cauda. Em 2003, o biofísico alemão Ulrich Benjamin Kaupp mostrou que os espermatozoides podem responder a uma única molécula de *resact*, sugerindo que eles contam as moléculas ao longo do tempo para calcular a direção desejada da viagem.

Fertilização em mamíferos

Os gametas femininos começam como oócitos armazenados no ovário, onde as células circundantes os engordam com nutrientes que alimentam um pré-embrião. A cada ciclo menstrual, um surto de um hormônio chamado gonadotrofina faz com que um oócito se divida em metades desiguais – um ovo grande e um pequeno corpo polar. O óvulo não fertilizado é então liberado no oviduto (tuba uterina). Um óvulo leva cerca de 24 horas para amadurecer. O espermatozoide consiste em uma cabeça contendo o núcleo e o acrossomo na ponta, além de cauda alimentada por mitocôndrias na parte intermediária. O gameta masculino nada a partir da vagina ou do útero para encontrar o óvulo no oviduto.

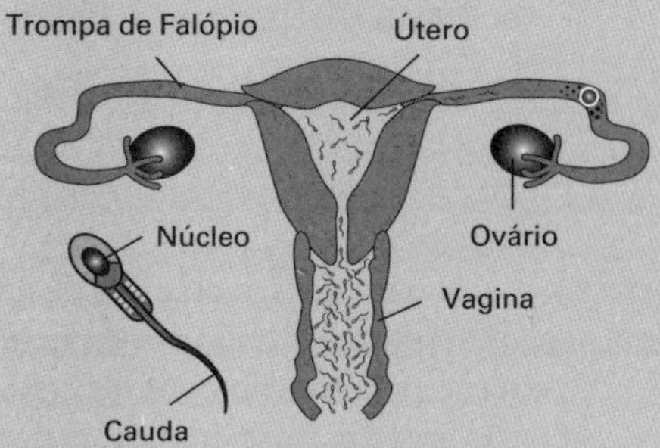

Na fertilização interna, ao menos em mamíferos, os espermatozoides são guiados através da reotaxia, o movimento através de um fluido, o que foi descoberto em 2013 por Kiyoshi Miki e David Clapham, que observaram os espermatozoides humanos e dos ratos viajar contra o fluxo, como o salmão nadando contra a corrente. A relação sexual estimula as paredes do oviduto a secretar fluidos que empurram o muco e os detritos para fora do caminho,

1980	1981	2013
Glicoproteínas da zona pelúcida são identificadas em camundongo por Jeffrey D. Bleil e Paul M. Wassarman	A molécula de quimiotaxia de ouriço-do-mar, *resact*, é isolada por Hansbrough e Garbers	Reotaxia espermática em mamíferos é revelada por Miki e Clapham

Bebês de três pessoas

O fisiologista britânico Robert Edwards passou mais de duas décadas tentando obter esperma humano para fertilizar óvulos em uma placa de Petri, ou *in vitro* (latim para "no vidro"). Então, ele se juntou ao ginecologista Patrick Steptoe, que usou a cirurgia laparoscópica para extrair óvulos de ovários. A dupla monitorou os ciclos menstruais naturais para identificar o tempo de ovulação, momento em que o óvulo único foi coletado, fertilizado e implantado no útero de uma futura mãe. O primeiro bebê de proveta, Louise Brown, nasceu em 25 de julho de 1978. Desde então, quase 6 milhões de crianças foram concebidas por fertilização *in vitro*. Indiscutivelmente, o maior – e mais controverso – avanço nas últimas três décadas tem sido os chamados "bebês de três pessoas". Em 2015, o governo britânico aprovou uma lei que permite que o núcleo do óvulo de uma mulher seja transferido para um óvulo doado por outra. Embora a segunda célula não tenha núcleo, seu citoplasma contém mitocôndrias geradoras de energia, que possuem seu próprio DNA. As mitocôndrias carregam 37 genes, enquanto os cromossomos nucleares incluem 20 mil, mas um óvulo fertilizado tecnicamente herdaria material genético de três "pais" (embora um contribua com menos de 0,2% dos genes). Uma criança nascida por meio dessa técnica pode evitar os defeitos nas mitocôndrias que causam doenças.

abrindo uma trilha para os espermatozoides e oferecendo-lhes uma pista aonde ir. A reotaxia conduz a seleção natural entre os espermatozoides, já que apenas os nadadores mais fortes sobrevivem.

Durante a fertilização interna, o espaço fechado contém espermatozoides da mesma espécie – os parceiros reconhecem-se antes da relação sexual –, de modo que os espermatozoides avançam em linha reta até o óvulo. Na fertilização externa, a área aberta contém outras espécies; assim, nadar em círculos maximiza as chances de encontrar um óvulo, enquanto a identificação de substâncias químicas específicas ajuda a impedir que um espermatozoide tente penetrar no óvulo errado. A quimiotaxia também ocorre na fertilização interna, mas em curtas distâncias, com esperma humano atraído pela progesterona liberada perto do óvulo.

Nos mamíferos, os espermatozoides que adentram com sucesso o oviduto são mantidos em locais de armazenamento que permitem às fêmeas liberar alguns de cada vez. Condições como pH alcalino (e progesterona em humanos) amadurecem os espermatozoides, dando-lhes a capacidade de penetrar no óvulo. Os espermatozoides "capacitados" ganham mobilidade hiperativa, batendo a cauda em golpes longos e poderosos que os impulsionam em direção ao seu objetivo final.

Fusão de gametas Os gametas fundem-se depois que o espermatozoide cruza três barreiras: uma camada gelatinosa, um envelope vitelino e uma membrana de óvulo. Nos mamíferos, a gelatina é uma matriz elástica que contém as células do *cumulus* que alimentam um óvulo enquanto ele amadurece. O espermatozoide rompe essa camada "*cumulus oophorus*" usando enzimas e força bruta. O invólucro ou camada de óvulo dos mamíferos é chamado de "zona pelúcida" e contém várias '"glicoproteínas ZP". Quando um espermatozoide reconhece as glicoproteínas ZP, uma cápsula em sua extremidade – o acrossomo – libera enzimas que traçam um caminho através da zona pelúcida. A reação acrossômica permite que o espermatozoide atinja a última barreira, a membrana celular, onde as proteínas de superfície permitem que o óvulo e um espermatozoide afortunado se fundam. Isso desencadeia uma mudança no óvulo: ele libera enzimas que cortam as glicoproteínas ZP para impedir a entrada de outro espermatozoide.

"Conforme segue, a partir de numerosas observações nos reinos animal e vegetal, no curso normal da fecundação, apenas um único filamento espermático penetra em um óvulo."

Oscar Hertwig

Enquanto espera para ser fertilizado, o óvulo coloca seu ciclo de divisão celular em espera. Durante a fertilização, o espermatozoide libera uma enzima que remove o bloqueio no ciclo celular: o óvulo termina de se dividir, deixando um pró-núcleo feminino com metade do número normal de cromossomos. Isso se funde com o pró-núcleo masculino, liberado por um espermatozoide após a penetração, formando um núcleo contendo pares de cromossomos.

O estágio final da fertilização é um pouco misterioso. Tanto o esperma como o óvulo são células especializadas que diferem de outras células com o mesmo DNA devido a marcas epigenéticas que ativam/desativam genes. Essas marcas devem ser removidas para deixar uma placa em branco, mas sem apagar as marcas que os pais deliberadamente adicionaram aos seus gametas. Seja lá como se atinge esse objetivo, o processo deixa um óvulo fertilizado, agora um zigoto unicelular, que se desenvolve em um organismo multicelular complexo como você: outro milagre.

A ideia condensada: Gametas animais fundem-se após o espermatozoide ser guiado até o óvulo

30 Embriogênese

O livro do médico William Harvey, de 1651, *On the Generation of Animals* [Sobre a geração de animais], começa com a inscrição *Ex ovo omnia* – "Tudo provém do óvulo". A declaração foi contra a ideia de Aristóteles de que a vida surge por geração espontânea de matéria inanimada e levou os biólogos desenvolvimentistas a estudar como os embriões são criados.

Aristóteles é mais conhecido como filósofo grego, mas também deve ser considerado o primeiro biólogo. Ele fez contribuições para a anatomia e embriologia, determinando o papel da placenta e do cordão umbilical durante a gravidez, por exemplo, e afirmando que os animais nascem de ovos (oviparidade), através de nascimento vivo (viviparidade) ou depois de ovos eclodirem dentro do corpo de uma mãe (ovoviviparidade, vista em tubarões e em certos répteis). Mas, enquanto Aristóteles acreditava no desenvolvimento de um óvulo, também acreditava que os animais surgiam de matéria não viva, como a lama.

Do ovo ao embrião Durante dois mil anos, houve pouco progresso na embriologia. William Harvey, o médico inglês que fez importantes contribuições sobre a circulação sanguínea, alegou que todos os animais começam como um ovo. No entanto, a invenção do microscópio inicialmente complicou as evidências: em 1672, o biólogo italiano Marcello Malpighi descreveu a anatomia do pintinho em vários estágios de desenvolvimento, mostrando vasos sanguíneos entre o embrião e a gema, somitos destinados a formar músculos e um sulco neural (que se transforma em tubo neural, depois no sistema nervoso central). Malpighi defendeu a "pré-formação", que os órgãos adultos ocorrem em miniatura dentro de um embrião, enquanto Aristóteles e Harvey favoreciam a "epigênese" (criação do zero).

O embriologista alemão Caspar Friedrich Wolff também estudou pintinhos e mostrou que as estruturas do corpo só aparecem durante o desenvolvimento. Por exemplo, ele observou que o intestino se forma após dobrar o tecido

linha do tempo

Aprox. 350 a.C.
Aristóteles descreve a anatomia de vários embriões animais

1651
Harvey diz que o desenvolvimento é "*Ex ovo omnia*" (tudo a partir do ovo)

1817
Camadas embrionárias e seus sistemas orgânicos são definidos por Pander

Estruturas semelhantes

Ao comparar vertebrados na década de 1830, o embriologista alemão Martin Rathke descreveu os arcos faríngeos, estruturas que se desenvolvem em partes do aparato branquial em peixes, mas também nas mandíbulas e orelhas de mamíferos. Em termos evolutivos, brânquias e orelhas são "homólogas" porque se originam de um ancestral comum. O exemplo mais famoso de homologia são os membros dianteiros – braços de um primata, nadadeiras de golfinho, asas de pássaro –, que são as patas dianteiras em todos os tetrápodes. Alternativamente, formas semelhantes podem ser "análogas" porque não se desenvolvem a partir de uma estrutura ancestral compartilhada, como nas asas de pássaros, morcegos e pterossauros. Os pássaros batem os braços, os morcegos usam os dedos, enquanto os extintos pterossauros esticavam uma membrana da asa a partir de um quarto dedo extralongo. Asas de inseto não estão relacionadas às pernas. Estruturas anatômicas podem parecer diferentes devido a interações complexas entre genes, mas muitas mudaram relativamente pouco no curso da evolução; genes homólogos em diferentes espécies podem ser detectados usando a sequência de DNA de uma espécie para escanear o genoma de outra. Em alguns aspectos do desenvolvimento, como a criação da forma do corpo (morfologia), os genes de espécies distantes podem até se substituir entre si sem efeitos aparentes.

plano, como o tubo criado se margens opostas de uma folha de papel forem levadas uma contra a outra sobre uma mesa. Em 1767, Wolff concluiu: "Se a formação do intestino dessa maneira foi devidamente ponderada, quase não pode permanecer dúvida, creio eu, quanto à verdade da epigênese".

Das camadas aos órgãos A embriologia moderna foi fundada por três amigos, todos da região do Báltico, nascidos com um ano de diferença um do outro e que estudaram no norte da Alemanha: Karl Ernst von Baer descreveu o processo de desenvolvimento; Martin Rathke comparou estruturas semelhantes em vertebrados; e Heinz Christian Pander descobriu que os sistemas de órgãos se originam de camadas embrionárias distintas. Pander passou apenas quinze meses estudando filhotes, durante os quais descobriu que embriões animais têm três "camadas germinativas": um ectoderma, destinado a formar epiderme e nervos; um endoderma, que forma estruturas internas, como o sistema digestório e órgãos como os pulmões; e um mesoderma, inserido entre os outros dois, que produz sangue e ossos, coração e rins, gônadas e tecidos conjuntivos. Criaturas simples, como esponjas do

1828
Von Baer postula leis para o desenvolvimento de estruturas de vertebrados

1832
Rathke descreve estruturas semelhantes em vários animais

1940
Migração e destino de células neurais são descritas por Rawles

“Tenho dois pequenos embriões preservados em álcool que esqueci de rotular... podem ser de lagartos, de pequenos pássaros ou mesmo de mamíferos.”

Karl Ernst von Baer

mar e águas-vivas, são “diploblásticas”, porque têm duas camadas (sem mesoderma), enquanto animais de três camadas são “triploblásticos”. Em 1817, Pander descobriu que uma camada só produz órgãos se as outras estiverem presentes. Esse princípio de indução (células que se estimulam mutuamente a se desenvolver) fundamenta a forma do corpo (ver capítulo 31) e o modo como as células-tronco se tornam especializadas.

Von Baer estudou o desenvolvimento do pintinho e descobriu a notocorda, uma haste do tipo espinha dorsal que induz a formação de células nervosas no ectoderma próximo. Em 1828, ele descreveu a dificuldade de distinguir entre vertebrados, levando às “leis de Von Baer”: em primeiro lugar, as características gerais parecem muito semelhantes nos primeiros embriões de diferentes animais; segundo, características especializadas desenvolvem-se a partir das gerais (assim, penas, cabelo e escamas se formam a partir da pele); terceiro, o embrião de uma espécie não passa por estágios de desenvolvimento de outra; e quarto, o embrião de um animal superior nunca será como um animal inferior, mas terá semelhanças apenas em seu estágio embrionário. Isso desmentiu a “lei biogenética” incorreta popularizada pelo naturalista Ernst Haeckel – que o desenvolvimento reflete a história evolucionária.

Mapeamento de migração A teoria de que a vida é feita a partir de células se firmou no final do século XIX, e os biólogos logo começaram a estudar como o óvulo se torna um corpo multicelular. Edwin Conklin foi capaz de seguir o destino das células em um tunicado marinho semelhante a uma sacola porque seus tecidos contêm diferentes pigmentos, mas outros organismos têm que ser manchados com corantes ou receber marcadores radioativos. Para cada espécie, o objetivo era criar um “mapa do destino”, indicando as regiões embrionárias nas quais as estruturas adultas ou larvares se originam. Certas células migram ao redor do corpo durante a embriogênese, como demostrado pela zoóloga norte-americana Mary Rawles em 1940, usando células de uma região chamada crista neural que depois se movem para a epiderme. As células germinativas primordiais que se transformam em espermatozoides ou óvulos também migram, das células ricas em vitelo para as gônadas, enquanto as células-tronco do sangue acabam no fígado e na medula óssea.

Clivagem celular A clivagem de um óvulo fertilizado para produzir múltiplas células começa ao longo de um eixo ditado pela distribuição do vitelo: a extremidade diluída é o polo “animal”, enquanto a extremidade rica em vitelo é o polo “vegetal”. A clivagem foi observada no final dos anos 1800 por Oscar Hertwig, que estudou células de ouriço-do-mar. No

O início dos embriões

Embriões multicelulares durante o desenvolvimento inicial de mamíferos e ouriços-do-mar. Uma "mórula" é qualquer esfera sólida de células criada após a clivagem de um óvulo fertilizado (zigoto), consistindo de cerca de uma dúzia de células. Uma "blástula" é uma esfera oca que inclui muitas vezes centenas de células e, em mamíferos placentários, uma "massa celular interna" que forma o embrião. Uma "gástrula" tem duas ou três "camadas germinativas" que dão origem a sistemas orgânicos, nas quais um animal começa a desenvolver sua forma corporal (morfologia).

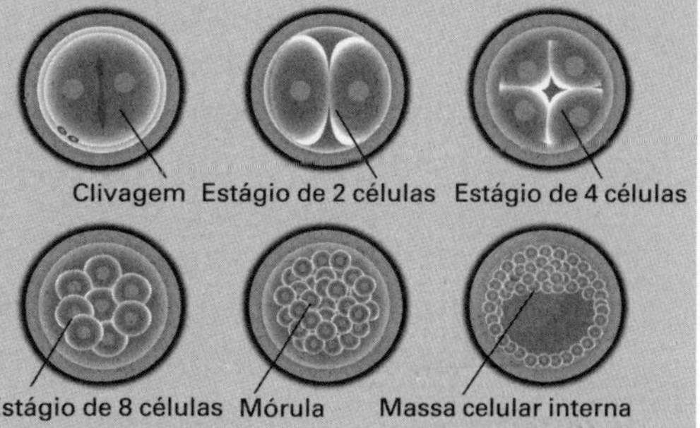

entanto, Marc Kirschner identificou o gatilho apenas em 1984: a FPM ou proteína "fator promotor da maturação", que orienta as células para se alternarem rapidamente entre a replicação do DNA e a mitose. Essa taxa de clivagem é mais rápida do que qualquer outra divisão celular: um embrião de drosófila cria 50 mil células em doze horas, por exemplo. Até o estágio de dezesseis células, qualquer bola sólida é chamada de "mórula", após a qual uma cavidade central aparece, formando uma esfera oca ou "blástula".

A gastrulação cria as três camadas germinativas – ectoderma, mesoderma, endoderma – da "gástrula", levando a mudanças físicas no embrião. Em ouriços-do-mar, por exemplo, o endoderma é dobrado para dentro e as células mesodérmicas migram em direção ao centro da esfera. Esses processos envolvem crescimento coordenado e movimento entre as células vizinhas, um estágio vital da embriogênese. Para citar o biólogo evolucionista Lewis Wolpert, "não é o nascimento, o casamento ou a morte, mas é a gastrulação o verdadeiro momento mais importante da sua vida".

A ideia condensada: Os óvulos se desenvolvem em organismos multicelulares com camadas do corpo

31 Morfologia

Quer um embrião se torne um verme sem membros ou um pássaro alado, quase todos os animais têm a mesma forma básica, com três eixos: frente e atrás, cabeça e cauda, esquerda e direita. Essa estrutura essencial é controlada por meio de um kit de ferramentas genético comum e determinada durante a morfogênese, a criação da forma do corpo.

Os biólogos desenvolvimentistas geralmente nomeiam as coisas segundo o efeito das mutações genéticas, e é por isso que uma proteína que acrescenta cerdas às larvas das drosófilas foi chamada de "*hedgehog*" (porco-espinho). No início dos anos 1990, quando cientistas de Harvard descobriram proteínas *hedgehog* em vertebrados, eles as batizaram com nomes de espécies diferentes. Mas Bob Riddle queria um apelido mais emocionante para sua molécula, então convenceu seu chefe Cliff Tabin a batizá-la com o nome de um novo personagem de *videogame* visto em uma revista de sua filha: Sonic the Hedgehog.

A proteína Sonic hedgehog é um morfógeno – uma molécula de sinalização que instrui as células a alterar seu comportamento. O desenvolvimento também é controlado por meio do contato direto célula a célula, que é como o receptor Notch retransmite os sinais. Juntos, eles determinam o destino das células próximas, fornecendo informações sobre identidade e posição ao longo de cada eixo no espaço tridimensional.

De trás para a frente A primeira prova de que as células determinam o destino de seus vizinhos veio do estudo do eixo dorsoventral (trás para frente). Em 1924, Hilde Mangold retirou tecido do "lábio dorsal" de um embrião de salamandra e o enxertou no lado ventral (estômago) de outro animal. Graças às diferentes cores das salamandras, a embriologista alemã pôde acompanhar o desenvolvimento no estágio de gastrulação, quando os embriões têm três camadas (ver capítulo 30). O tecido transplantado parecia "organizar" a camada externa do ectoderma: células destinadas a se tor-

linha do tempo

1924
Spemann e Mangold identificam organizador do eixo dorsoventral em salamandras

1948
Saunders encontra organizadores próximo-distais em brotos de asas de galinha

1978
Lewis descobre genes Hox definindo a ordem dos segmentos anteroposteriores

Organizadores do sistema nervoso

As proteínas Sonic hedgehog e BMP4 são morfógenos: moléculas que servem como sinais e determinam o destino celular e a forma do corpo. Após o estágio de gastrulação em um embrião de vertebrados, a notocorda (círculo preto) atua como um organizador, liberando Sonic hedgehog (Shh) para criar um gradiente molecular ao longo do eixo dorsoventral (trás para frente), enquanto a camada de ectoderma sobrejacente libera BMP4 para criar um gradiente na outra direção. Esses gradientes de morfogênio (sombreamento cinza) estimulam os neurônios do tubo neural a se especializarem em diferentes tipos de células (neurulação) com base na distância da fonte das moléculas de sinalização.

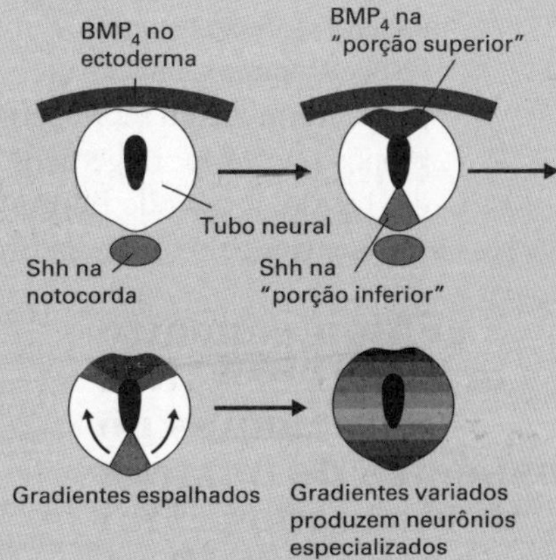

narem epiderme se transformavam em tecido neural, e um segundo eixo dorsoventral foi criado, produzindo girinos gêmeos siameses ligados pela parte frontal. Mangold morreu tragicamente antes de seu estudo ser publicado, mas seu supervisor Hans Spemann continuou o trabalho, ganhando um Prêmio Nobel pelo "efeito organizador".

Por meio século, os biólogos pensaram que o "organizador de Spemann" lançava um sinal capaz de estimular o desenvolvimento de tecido neural. Mas, em 1989, Horst Grunz e Lothar Tacke mostraram que, quando o ectoderma das rãs-de-unhas-africanas albinas é dividido em células, a epiderme só é formada se as células se reunirem em uma hora – se demorarem mais, tornam-se tecido neural. Então, em vez de provocar a "neurulação", o organizador do Spemann *impede* que as células sigam seu destino padrão.

Uma molécula-chave liberada pelo organizador foi revelada em 1996, um fator de crescimento chamado "proteína morfogenética óssea 4" ou BMP4. Morfogênios como o BMP4 são "inibidores" que impedem a mudança, enquanto "indutores", como a Sonic hedgehog, promovem o desenvolvimento. A Sonic também ajuda a determinar os polos (dorsal ou ventral) do

1980
Nüsslein-Volhard e Wieschaus descrevem mutações segmentares em drosófilas

1993
O gene Sonic hedgehog é isolado em vários vertebrados por pesquisadores de Harvard

1998
A proteína Lefty-1 é demonstrada por cientistas japoneses para definir o eixo esquerdo-direito

sistema nervoso central. Philip Ingham demonstrou, em 1993, que a Sonic é feita pela notocorda e pela base do tubo neural no peixe-zebra, enquanto Andrew McMahon encontrou o mesmo em camundongos. Os efeitos organizadores de ectoderma e notocorda, liberando BMP4 e Sonic hedgehog, respectivamente, mostram que o destino de uma célula depende da distância da fonte de um morfógeno. Em 1969, o biólogo britânico Lewis Wolpert propôs que os morfogênicos produzem um gradiente químico por meio de um tecido, formando limites que definem a identidade celular. A "neurulação" de trás para frente da BMP4 e da Sonic é um exemplo.

> **"Meu conceito original era lhes dar nomes de espécies de ouriços vertebrados... foi antes de a Sega trazer o jogo de computador aos EUA, e eu nunca tinha ouvido falar disso, mas Sonic hedgehog pareceu bom."**
>
> **Cliff Tabin**

Da cabeça à cauda O morfógeno Bicoid, que cria o eixo anteroposterior (cabeça-cauda) em drosófilas, foi descoberto por Christiane Nüsslein-Volhard e Eric Wieschaus em 1980, junto com uma dúzia de outros genes, incluindo o Hedgehog original. A biologia desenvolvimentista deve muito às moscas: em 1915, Calvin Bridges, um estudante do famoso laboratório de moscas da Universidade Columbia, descobriu o Bithorax. Quando mutado, esse "gene" duplica os recursos na seção intermediária de uma mosca. Em 1978, o geneticista norte-americano Edward Lewis descobriu que o Bithorax é, na verdade, um agrupamento de genes, e que a posição de uma mutação corresponde onde o corpo é afetado. Com base nisso, ele argumentou que a identidade de cada segmento do corpo é determinada pela ordem em que os genes são ativados no agrupamento, em resposta a um gradiente de morfogênio ao longo do eixo anteroposterior. Em 1984, equipes lideradas por Walter Gehring e Matthew Scott descobriram que o Bithorax e outro agrupamento incluem uma sequência genética chamada "Hox", que permite que uma proteína codificada se ligue ao DNA. As proteínas Hox, portanto, controlam o desenvolvimento ao inverter as trocas de DNA. Em 1989, biólogos descobriram Hox em tudo, de sapos e peixes a ratos e homens.

Da esquerda para a direita Vista de fora, a maioria dos animais parece idêntica em ambos os lados, mas a simetria bilateral não se aplica a órgãos internos; seu coração é um exemplo. Se a orientação dos órgãos for invertida em seres humanos, causa uma condição rara, o *situs inversus*, que afeta pelo menos uma em cada 25 mil pessoas. Em 1995, o geneticista Cliff Tabin, chefe do laboratório de Harvard que isolou o Sonic hedgehog, notou que a proteína é produzida assimetricamente por um breve período em um embrião de galinha, no lado esquerdo de um "nó primitivo". Depois que a equipe de Tabin observou uma proteína chamada Nodal sendo produzida à esquerda, eles forçaram as células a produzirem Sonic à direita, o que algumas vezes inverteu o lado do coração.

O gene "Lefty" foi descoberto pelo biólogo japonês Chikara Meno em 1996, e mais tarde mostrou ser dois elementos: Lefty-1 e Lefty-2. O nome é, na verdade, um equívoco, pois o Lefty-1 ajuda as células a manterem a identidade "correta", impedindo que a Nodal cruze a linha média de um embrião de camundongo para dar às células um sinal "para a esquerda". Em 1998, Nobutaka Hirokawa e seus colegas descobriram a razão última do eixo esquerdo-direito, mostrando que o nó primitivo tem células com cílios semelhantes a pelos que giram à esquerda (sentido anti-horário).

De perto para longe

Os membros crescem para fora da camada de ectoderma do embrião ao longo do eixo próximo-distal (próximo-distante). Em 1948, o biólogo norte-americano John Saunders descobriu um organizador na ponta do broto de uma asa em pintinhos e demonstrou que a remoção dessa ponta – a crista ectodérmica apical (CEA) – fazia com que o membro ficasse truncado. A CEA também pode organizar outras camadas embrionárias: em 1957, Saunders demonstrou que, quando o mesoderma destinado a se tornar uma coxa é enxertado na CEA, ele se desenvolve em estruturas de pé. Saunders também encontrou um organizador na extremidade posterior do broto da asa que, quando transplantado para a extremidade anterior, produziu uma imagem espelhada de dígitos duplicados. Em 1975, Lewis Wolpert propôs que essa zona de atividade polarizante (ZAP) libera um morfógeno e, em 1993, essa molécula foi revelada por Bob Riddle e Cliff Tabin. O morfogênio era, naturalmente, a proteína Sonic hedgehog.

A ideia condensada: Gradientes moleculares determinam a identidade e a posição das células

32 Coloração

Das listras de uma zebra aos camaleões que mudam de cor, os animais exibem uma estonteante variedade de padrões visuais. Essa coloração produz características necessárias à sobrevivência e reprodução, como a camuflagem para enganar predadores ou presas e sinais sensuais para atrair um parceiro. Como o corpo cria esses padrões de cores?

As cores resultam da seleção natural: de forma muito geral, a cor uniforme é uma adaptação ao ambiente físico (tom de pele para proteger contra a luz solar ou absorver calor, por exemplo), enquanto a evolução dos padrões é impulsionada por interações biológicas. Como são os únicos organismos com olhos, os animais são o público-alvo das exibições visuais da natureza, que têm dois propósitos: a crípse (camuflagem e outras estratégias ecológicas que tornam os indivíduos mais ou menos visíveis) ou a comunicação (que envia sinais sinceros, como na coloração de advertência de sapos venenosos, ou enganosos, como em mimetismo). Como discutido por Darwin em seu livro de 1871, *A origem do homem e a seleção sexual*, sinais coloridos permitem que as fêmeas escolham parceiros.

Pigmentos e estruturas Mamíferos têm tons de cinza ou marrom porque só conseguem fazer variações em um único pigmento – melanina –, que é adicionado à pele e à pelagem. Os pigmentos estão contidos dentro de bolhas lipídicas em "cromatóforos", células especializadas que criam sombras e cores pela distribuição das bolhas contendo pigmentos. Outros vertebrados ganham cores de diferentes fontes, como os amarelos e vermelhos de moléculas de carotenoides nos alimentos, que criam flamingos cor-de-rosa, por exemplo. Aves e mamíferos têm um tipo de célula cromatófora – melanóforos ramificados –, enquanto os peixes têm vários tipos.

A cor é determinada pelo comprimento da onda de luz refletida no olho por um objeto. Os "olhos" azuis sobre marrom da cauda de um pavão têm um pigmento subjacente, mas a estrutura de uma pena deixa a luz difusa para

linha do tempo

1665	1871	1973
As observações de Hooke revelam a estrutura microscópica das penas de pavão	Darwin descreve como a seleção natural impulsiona as diferenças de cor entre os sexos	Camuflagem daltônica no polvo é comprovada por testes de John Messenger

criar duas cores. Esse efeito físico foi relatado pela primeira vez no livro *Micrographia*, de 1665, pelo polímata inglês Robert Hooke, que observou que as penas têm placas finas que se assemelham a conchas de madrepérola. A coloração estrutural também cria a cor azul-prateada dos peixes – as membranas das células iridóforas contêm pilhas de placas refletoras feitas de guanina, uma das letras químicas do DNA. Na verdade, quase todos os tons de azul e iridescentes, das asas das borboletas à plumagem das aves, devem-se a estruturas microscópicas ou nanoscópicas que refletem a luz.

> **“Os machos são quase sempre os cortejadores... com as cores mais brilhantes ou conspícuas, muitas vezes organizadas em padrões elegantes, enquanto as fêmeas são deixadas sem adornos.”**
>
> **Charles Darwin**

Padrões O *countershading* dorsoventral, no qual as costas são mais escuras que a barriga, é um padrão simples, mas eficaz, que oferece camuflagem básica a animais como peixes e pássaros. De cima, é mais difícil vê-los no solo ou em águas profundas. De baixo, sua parte inferior mais clara é mais difícil de detectar contra um céu claro. O desenvolvimento do *countershading* é controlado por hormônios, como o “peptídeo sinalizador de Agouti” em mamíferos, descoberto em 1994 por pesquisadores norte-americanos liderados por Richard Woychik, William Wilkison e Roger Cone.

Como os padrões complexos são criados? Os cromatóforos são originários da crista neural, uma série transitória de células-tronco embrionárias que também dá origem a partes da cabeça e do sistema nervoso periférico. À medida que um organismo se desenvolve para se tornar adulto, suas células cromatóforas se dividem e migram, criando diferentes intensidades e padrões de cor. O peixe-zebra *Danio rerio* é o organismo modelo para estudar isso em vertebrados, e pesquisadores identificaram mais de cem genes que influenciam a formação de padrões. Em 2003, por exemplo, a bióloga alemã Christiane Nüsslein-Volhard demonstrou que mutações no gene chamado apropriadamente de “leopardo” alteraram as interações entre diferentes células do cromatóforo, fazendo com que os animais desenvolvam manchas em vez de listras. O desenvolvimento do peixe-zebra ajudou a explicar como o leopardo conseguiu suas manchas.

1994
É descoberto o hormônio que controla o acúmulo de pigmento de melanina em mamíferos

2003
Nüsslein-Volhard mostra que os padrões são afetados por interações celulares pigmentares

2015
Milinkovitch descobre que os camaleões mudam de cor usando cristais de pele

Bioluminescência e fluorescência

Enquanto as cores da maioria dos organismos dependem da luz refletida, algumas podem gerar sua própria iluminação. A luz é emitida por meio de reações químicas; o pigmento luciferina brilha depois de ser combinado com oxigênio, enquanto a aequorina é ativada com cálcio. A bioluminescência é especialmente comum em invertebrados e desempenha o mesmo papel que os padrões de cores para comunicação ou crípse: um verme alerta os predadores de sua toxicidade e os vaga-lumes adultos tentam atrair um parceiro, por exemplo, enquanto a lula emite luz para uma camuflagem que funciona como *countershading*. Um animal emissor de luz também forneceu uma das ferramentas mais úteis na biologia molecular: GFP (sigla em inglês de *green fluorescent protein*, ou proteína fluorescente verde). Como ocorre com outras moléculas fluorescentes, a GFP brilha quando ativada pela luz, inclusive aquela produzida pela aequorina. Ambas as moléculas foram purificadas de uma água-viva em 1961 pelo cientista japonês Osamu Shimomura. Em 1992, Douglas Prasher isolou o gene GFP e propôs usá-lo como "relator" para visualizar a atividade genética: se o inserirmos ao lado de um gene de interesse, é possível ver se ambos estão ligados, com base no brilho da GFP. Dois anos depois, Martin Chalfie, outro biólogo norte-americano, demonstrou isso em vermes. Roger Tsien depois criou outras cores, dando início a uma revolução no arco-íris que esclareceu os processos biológicos.

Mudança dinâmica Embora camaleões possam se camuflar, mudam de cor principalmente para comunicação. Os lagartos também mudam de verde para vermelho quando estão empolgados. Em muitos animais com mudança de cor dinâmica, presume-se que isso é controlado pela mudança de cor fisiológica, por hormônios, que sinaliza uma célula cromatófora para dispersar ou agregar suas bolhas contendo pigmento, alterando o brilho. Mas, em 2015, o biólogo Michel Milinkovitch revelou que os camaleões-pantera mudam de cor usando cristais em uma camada de células iridóforas na pele. Esses "nanocristais fotônicos" são feitos de guanina, como pilhas refletivas em células de peixe. Os camaleões podem "sintonizar" o espaçamento entre átomos na rede cristalina para ajustar a luz refletida. Além da exibição de camuflagem e cortejo, também pode possibilitar a termorregulação.

Os mestres da mudança de cor não são camaleões, mas os cefalópodes – polvos, sibas e lulas. Um sistema nervoso e olhos sofisticados permitem que os cefalópodes avaliem rapidamente uma cena visual e combinem seu corpo com o fundo usando padrões claros e escuros que perturbam o contorno e a forma reconhecíveis do animal. Ao contrário dos vertebrados, os cromatóforos dos cefalópodes não são realmente células, mas órgãos – sacos elásticos contendo pigmento e músculos, controlados por neurônios motores. Então, em vez de depender da ação relativamente lenta dos hormônios, seus cromatóforos são diretamente controlados pelo cérebro, permitindo uma rápida mudança de cor. O *Octopus vulgaris* pode ir de totalmente camuflado a evidente em dois segundos.

Pontos e listras

O peixe-zebra normalmente tem quatro a cinco listras azuis e amarelas ao longo do corpo. Biólogos desenvolvimentistas identificaram cerca de vinte genes que podem ser mutados para criar padrões diferentes sem afetar a sobrevivência. Esses genes influenciam a formação de pigmentos, células coloridas ou as interações entre as células. Por exemplo, mutações no gene do "leopardo" afetam as interações célula a célula e produzem peixes com manchas.

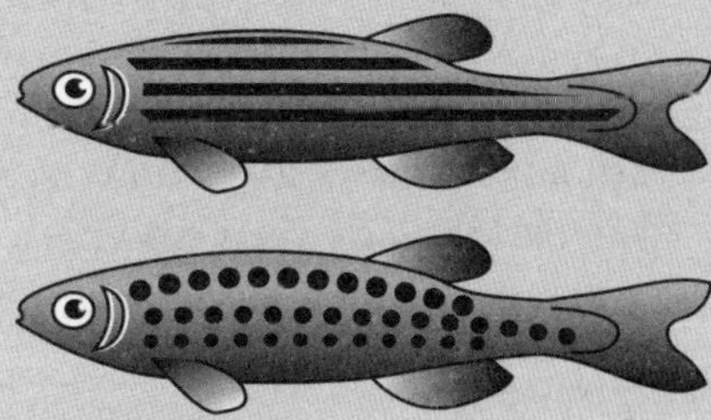

Curiosamente, embora a combinação com a cor do contexto à volta exija que seja possível vê-la, a maioria dos cefalópodes é, na verdade, daltônica. Isso foi provado em 1973 pelo zoólogo britânico John Messenger, cujos polvos treinados podiam discriminar entre brilho, mas não matiz (cor). E, em 2005, os biólogos Lydia Mäthger e Roger Hanlon colocaram sibas em tabuleiros de xadrez com quadrados amarelo/azul ou verde/cinza, que correspondem ao pico de comprimento de onda (492 nm) de seu pigmento visual. Os sibas falharam em ambos os testes, respondendo com um padrão de corpo uniforme. E, apesar de sua camuflagem daltônica, os cefalópodes ainda são capazes de enganar outros animais.

A ideia condensada: Padrões de cores de animais nem sempre são como parecem

33 Imunidade

Os organismos estão sob ataque constante de patógenos e parasitas que visam se reproduzir, explorando os recursos internos de um hospedeiro, causando infecções que levam a doenças e, às vezes, à morte. Como resultado, os seres vivos desenvolveram poderosos sistemas de defesa para combater invasores.

A capacidade de resistir à infecção foi observada pela primeira vez em humanos pelo historiador grego Tucídides, que notou que as pessoas que sobreviveram à Peste de Atenas em 430 a.C. ficaram protegidas contra a doença. A imunidade tornou-se ciência em 1796, quando o médico britânico Edward Jenner mostrou que expor os pacientes ao vírus da varíola bovina proporcionava resistência à varíola. Nos dois séculos seguintes, pesquisadores revelaram que a maioria dos organismos tem um sistema imunológico com dois ramos: inato e adaptativo.

Imunidade inata As barreiras físicas são uma primeira linha integrada de defesa contra invasão. Os microrganismos têm uma parede celular, enquanto organismos multicelulares são cobertos por camadas praticamente impenetráveis: a cutícula de uma planta, o exoesqueleto de um inseto ou a pele de um vertebrado. Regiões vulneráveis secretam muco para prender potenciais invasores, áreas que cobrem toda a superfície do corpo ou pontos fracos nas aberturas; os anfíbios são viscosos por inteiro, por exemplo, enquanto apenas suas narinas exsudam muco. O muco contém moléculas protetoras como "defensinas", pequenas proteínas que funcionam perfurando as membranas, fazendo com que as células do invasor vazem. Como resultado, a maioria dos patógenos simplesmente não consegue entrar no corpo.

Entretanto, invasores que tiverem sucesso devem evitar o sistema de vigilância do hospedeiro, que detecta intrusos por meio de moléculas características de microrganismos. O lipopolissacarídeo é específico das paredes celulares bacterianas, por exemplo, e tais padrões moleculares associados a patógenos (PAMPs, sigla em inglês) combinam com os receptores nas su-

linha do tempo

1796	1882	1895
Jenner usa vacinação para produzir imunidade adquirida contra o vírus da varíola	Células fagocitárias que engolem material estranho são observadas por Metchnikoff	Sistema complemento de proteínas antimicrobianas isoladas do sangue é descoberto por Bordet

perfícies das células hospedeiras. Em animais, os PAMPs podem ser detectados pelo sistema complemento, um conjunto de proteínas circulantes descobertas pelo microbiologista belga Jules Bordet em 1895. O complemento pode combinar-se em um "complexo de ataque à membrana" que funciona como defensinas, explodindo invasores, ou aderir aos PAMPs como uma marca da morte. Em 1882, o biólogo russo Ilya Metchnikoff observou que o material estranho é cercado e engolido por fagócitos. Essas células imunes devoram qualquer coisa revestida de PAMPs, proteínas do complemento ou anticorpos, digerindo-os com ácido, enzimas e radicais livres.

HIV

Retrovírus são especialmente perigosos porque replicam rapidamente e evoluem mil vezes mais rápido que os hospedeiros. O mais conhecido deles é o vírus da imunodeficiência humana (HIV). A estrutura viral do HIV consiste em duas cadeias de RNA cercadas por uma cápsula cônica de proteínas e um envelope externo esférico de fosfolipídios, no qual cerca de setenta proteínas do HIV (complexos glicoproteicos) são incorporadas. Elas permitem que o vírus se ligue, invada e se replique dentro dos glóbulos brancos do corpo. A decomposição dessas células, que protegem o corpo contra patógenos, leva à aids (ou síndrome da imunodeficiência adquirida). Desde o seu surgimento, na década de 1980, o HIV/aids é uma pandemia global, com cerca de 34 milhões de pessoas infectadas em todo o mundo.

Células imunológicas, por vezes, servem como vigias patrulhando a circulação e verificando o cartão de identidade de uma célula; a coleção de moléculas em sua superfície, como vírus e outros parasitas intracelulares, muitas vezes produz moléculas suspeitas que revelam sua presença. Nos vertebrados, as moléculas internas são apresentadas para inspeção na superfície de uma célula por proteínas do MHC (complexo principal de histocompatibilidade), que variam na capacidade de combinar moléculas, de modo que os genes do MHC de um indivíduo influenciam sua imunidade natural a um determinado patógeno. Quando uma invasão é detectada, células imunes e infectadas liberam sinais químicos que soam o alarme de que o corpo está sob ataque, recrutando mais ajuda para o local da infecção. As células também podem acumular defesas que causam o inchaço e a vermelhidão da inflamação.

Os vírus infectam todas as formas de vida celular, então todos os organismos têm defesas antivirais dedicadas. Bactérias e arqueas usam "enzimas de res-

1957
Teoria da seleção clonal da imunidade adquirida é proposta por Macfarlane Burnet

1974
Tonegawa mostra que a diversidade de anticorpos é gerada pela hipermutação genética

1998
Interferência de RNA do material genético viral é revelado por Fire e Mello

Aloenxertos, alergia e autoimunidade

A imunidade é frequentemente descrita em termos de amigo e inimigo, "eu" e "não eu". Mas isso ignora ameaças internas (o câncer é "eu" e longe de ser amigável), então é melhor usar palavras como estranho e familiar: antígenos estranhos incluem RNA viral e padrões moleculares associados a patógenos reconhecidos pelo sistema imune inato, enquanto antígenos se tornam familiares por meio da "tolerância imunológica", que está por trás da capacidade de distinguir o eu do não eu. Ocorre naturalmente durante o desenvolvimento inicial e treina as defesas do corpo para não responder aos próprios antígenos. Se falhar, o corpo se atacará e causará uma doença autoimune. Se um sistema imunológico não é treinado para ignorar substâncias inofensivas, como pólen ou alérgenos alimentares como proteínas de amendoim, o resultado é uma alergia. A tolerância imunológica também pode ser artificialmente manipulada para permitir que tecidos da mesma espécie – aloenxertos – sejam aceitos pelo corpo. Isso foi demonstrado em 1953 pelo biólogo britânico Peter Medawar: quando os camundongos fetais ou neonatais receberam células injetadas de outro indivíduo, eles aceitaram futuros enxertos do mesmo doador. Isso ajuda a prevenir a rejeição em transplantes de tecidos e órgãos.

trição" que cortam material genético em sequências reconhecíveis. As células têm genomas de DNA de filamento duplo e produzem transcritos de RNA de filamento único, de modo que a presença de moléculas longas de RNA de filamento duplo (RNAds) criadas por muitos vírus enquanto replicam seu genoma é um sinal revelador de infecção. Em 1998, os biólogos norte-americanos Andrew Fire e Craig Mello revelaram que os vermes fatiam especificamente o RNAds. Estudos em outras espécies mostraram que isso envolve um "complexo silenciador induzido por RNA" de enzimas com nomes como Slicer (fatiador) e Dicer (cortador em cubos). Muitos animais e plantas usam esse processo de interferência de RNA, enquanto os vertebrados produzem "*interferons*", moléculas de sinalização que recrutam células do sistema imunológico e dizem aos vizinhos para retardar a atividade metabólica, interrompendo os processos virais.

Imunidade adaptativa Durante a vida de um organismo, seu sistema imunológico se adaptará para reconhecer e se lembrar de invasores. Em 2005, microbiologistas descobriram que bactérias e arqueas armazenam material genético de vírus em seu DNA: enzimas Cas cortam um genoma viral e colam pedacinhos no genoma do hospedeiro como sequências "CRISPR" – memórias genéticas do invasor viral que podem ser usadas como modelos para segmentar e cortar genes correspondentes se um vírus voltar a invadir. Os procariontes já foram considerados simples demais para ter "memória imunológica", mas, dada a existência do sistema CRISPR/Cas, é possível que todas as formas de vida tenham algum tipo de imunidade adaptativa.

Mamíferos têm o sistema adaptativo mais sofisticado, graças aos anticorpos que se adaptam para combinar com antígenos desconhecidos ("geradores de anticorpos"). As proteínas são formadas por dois tipos de células imunes que patrulham a corrente sanguínea e o sistema linfático: as células T usam anticorpos como receptores de superfície, e as células B as liberam na circulação. Anticorpos adaptam-se aos antígenos por meio de um processo como a evolução darwiniana. Em 1974, o biólogo japonês Susumu Tonegawa descobriu que partes dos genes dos anticorpos eram misturadas e combinadas, como o cruzamento entre os cromossomos quando são produzidos espermatozoides ou óvulos. Quando uma célula B encontra um antígeno estranho, ela se divide rapidamente, introduzindo erros durante a replicação do DNA. Esses dois processos – recombinação somática e hipermutação – criam uma enorme variedade de proteínas de anticorpos. Como o virologista australiano Frank Macfarlane Burnet propôs em 1957, as células imunológicas passam então por um filtro semelhante à seleção natural: as células mais fortes, cujos anticorpos se combinam com o antígeno, sobrevivem e se multiplicam, acabando por dominar o patógeno. Anticorpos podem neutralizar a capacidade invasiva de um patógeno e também marcar invasores para detecção por partes do sistema imune inato. Uma vez que um invasor foi derrotado, algumas células B continuarão a circular como "células de memória". A imunidade adaptativa pode levar dias ou semanas para se desenvolver, mas fornece proteção a longo prazo. A imunidade também pode ser adquirida artificialmente. As vacinas modernas contêm um patógeno defeituoso ou seus antígenos, treinando o sistema adaptativo para desenvolver anticorpos que também afetarão a forma infecciosa.

> **"Matéria mórbida de vários tipos, quando absorvida pelo sistema, pode produzir efeitos em algum grau similar."**
>
> **Edward Jenner**

A ideia condensada: Defesas são inatas ou se adaptam a invasores estranhos

34 Homeostase

Para sobreviver, um organismo precisa manter as condições dentro do corpo relativamente estáveis. Isso ocorre por meio da homeostase, um sistema de processos fisiológicos que compensa continuamente as mudanças no mundo externo que de outra forma poderiam danificar o ambiente interno.

Por dois mil anos, a medicina ocidental se baseou no conceito de humor: quatro fluidos – sangue, fleuma, bile amarela e negra – que causam doenças quando estão em desequilíbrio. A ideia foi promovida por Hipócrates (460-370 a.C.), o grande médico grego que insistiu que as doenças têm causas naturais e não sobrenaturais. O apoio à ideia de humores diminuiu no século XIX com o desenvolvimento da imunologia, e os cientistas passaram a debater se a doença é causada principalmente por microrganismos ou se é uma reação do organismo a ameaças – o que o médico canadense William Osler comparou a "semente e solo". Louis Pasteur, que fundou a teoria dos germes da doença, acreditava na semente, enquanto seu compatriota e fisiologista Claude Bernard estava do lado do solo – a resposta imunológica do corpo. Segundo a lenda, Pasteur acabou cedendo, dizendo: "Bernard estava certo. O germe não é nada, o solo é tudo".

Bernard descobriu várias maneiras pelas quais o "solo" reage a mudanças. Baseado em seus experimentos, principalmente em mamíferos, ele desenvolveu o conceito de "meio interno": o ambiente interno, um fluido que banha e nutre as células. Por volta de 1876, ele fez uma sugestão mais profunda: animais e plantas mantêm seu mundo interior constante por meio de mecanismos fisiológicos que continuamente compensam as mudanças externas. Em 1929, o fisiologista norte-americano Walter Cannon chamou esses mecanismos de "homeostase".

***Feedback* negativo** A pesquisa de Cannon no início do século XX estendeu a teoria de Bernard. Ele sugeriu que os organismos tentam manter variáveis no ambiente interno perto de um valor ideal, como 37°C para a

linha do tempo

1876	1894	1929
Bernard propõe que os processos fisiológicos mantêm o ambiente interno	O hormônio de "luta ou fuga", a adrenalina, é descoberto por George Oliver e Edward Schäfer	Cannon cunha "homeostase" depois de descrevê-lo como sistema de *feedback* negativo

temperatura corporal do corpo humano: "Ajustes automáticos no sistema são acionados e, assim, se evitam grandes oscilações, e as condições internas são mantidas razoavelmente constantes". Hoje, podemos chamar esses ajustes automáticos de *loop* de *feedback* negativo.

"Todos os mecanismos vitais... sempre têm um propósito, o de manter a integridade das condições de vida dentro do ambiente interno."

Claude Bernard

A homeostase trata o corpo como um tipo de máquina, um sistema cibernético. Cada variável fisiológica é regulada por um "homeostato", que funciona como o termostato em sua casa, por meio de *feedback* negativo: um termostato liga o sistema de aquecimento quando a casa está fria e desliga quando aquece (talvez até acionando uma unidade de ar condicionado). Nos mamíferos, a elevação da temperatura causa sudorese e desvia o fluxo sanguíneo para a pele, ajudando na perda de calor, enquanto uma gota provoca tremores para gerar calor por meio da atividade muscular e contrai vasos superficiais para redirecionar o sangue para os órgãos internos. *Loops* de *feedback* negativo similares controlam outras variáveis, protegendo o corpo contra flutuações externas.

Estresse agudo e crônico Podemos culpar Hans Selye pelo "estresse". Em 1936, o fisiologista áustro-canadense descreveu experiências em que submeteu ratos a uma variedade de "agentes nocivos", incluindo exposição ao frio, exercícios excessivos e injeção de formaldeído. Independentemente do estressor, ele viu que os mesmos sintomas patológicos apareceriam, uma síndrome de glândulas suprarrenais aumentadas, perda de tecidos imunológicos e sangramento de úlceras intestinais. Selye usou "estresse" para descrever essa reação, que redefiniu a palavra do sentido de uma força física que produz tensão ou deformação para uma força biológica que se opõe à mudança, efetivamente retornando o corpo a um estado de homeostase.

Selye chamou a resposta de "síndrome de adaptação geral" e propôs três etapas: uma "reação de alarme" inicial, adaptação por meio de "resistência", e "exaustão" que pode levar à morte. Isso está agora integrado ao eixo hipotálamo-pituitária-adrenocortical moderno, ou eixo HPA.

1936
Selye sugere que diferentes estressores desencadeiam a mesma resposta ao estresse

1988
Adaptação ao estresse externo através da alostase é proposta por Sterling e Eyer

1998
Goldstein e colegas demonstram que não há uma resposta única ao estresse

O eixo do estresse

Durante uma emergência, os organismos priorizam a sobrevivência a curto prazo. Nos vertebrados, o cérebro ativa o eixo hipotálamo-pituitária-adrenal (HPA), um sistema de *feedback* negativo que envolve três glândulas endócrinas (hormônio): o hipotálamo e a hipófise (pituitária) acima do tronco cerebral, e as glândulas adrenais acima dos rins (ou órgão inter-renal em anfíbios e peixes). Após a exposição a um estressor, o sistema nervoso simpático desencadeia uma liberação imediata de catecolaminas – adrenalina e noradrenalina – das glândulas adrenais, mudando o corpo para o modo chamado "lutar ou fugir" para que os músculos e o metabolismo estejam prontos para a ação. O hipotálamo secreta o fator liberador de corticotrofina (CRH), um neurotransmissor que estimula a hipófise a liberar adrenocorticotrofina (ACTH), que, por sua vez, circula pela corrente sanguínea e estimula as glândulas adrenais a produzir hormônios glicocorticoides (GC) – cortisol na maioria dos mamíferos e peixes, corticosterona em aves e répteis. O aumento dos hormônios GC no sangue, uma assinatura de uma resposta aguda ao estresse, atinge o pico dentro de meia hora, alterando a fisiologia e o comportamento de um organismo para que ele possa lidar com a situação estressante ou se afastar dela. O *loop* de *feedback* negativo entra em ação à medida que os hormônios GC são detectados pelo cérebro, desligando o eixo HPA, o que gradualmente retorna o organismo ao seu estado de pré-emergência.

Em 1976, Selye definiu o estresse como "a reação não específica do corpo a qualquer demanda". "Não específica" refere-se aos seus experimentos, que sugeriram que os ratos reagem a um estressor com os mesmos sintomas. Isso levou ao conceito de "síndrome do estresse", que, assim como "surto de adrenalina", está desatualizado. Em 1998, por exemplo, David Goldstein e seus colegas testaram a teoria de Selye, submetendo ratos a estressores – como o frio e o formaldeído –, e descobriram diferentes níveis de hormônios no eixo HPA. Em vez de uma única "reação ao estresse" não específica, os estressores induzirão reações diferentes, cada uma com uma assinatura fisiológica característica.

Alostase No corpo humano, o músculo esquelético em repouso usa cerca de um litro de sangue oxigenado por minuto, mas o esforço máximo requer quase vinte vezes mais. A atividade fisiológica é ditada pelas demandas do mundo exterior. Em 1988, os neurobiólogos norte-americanos Peter Sterling e Joseph Eyer sugeriram que os organismos podem manter a estabilidade por meio da mudança e introduziram o termo "alostase", que significa "outra semelhança". Usando a analogia do termostato residencial, a temperatura desejada é definida para manhã e noite, verão e inverno. Configurações para cada variável – como temperatura central e glicose no sangue – são coordenadas pelo cérebro. Estressores são o equivalente a deixar uma porta ou janela aberta, o que cria uma "carga alostática" que coloca o corpo sob tensão, causando desgaste no seu equipamento – os efeitos do estresse crônico.

A teoria original da homeostase, de que um organismo mantém seu ambiente interno em torno de estados constantes, é simples demais. Os fisiologistas humanos preferem a alostase, mas muitos biólogos agora combinam as ideias básicas do meio ambiente de Bernard, o *feedback* negativo de Cannon e as respostas de estresse de Selye. Em vez dos mecanismos que impedem a mudança interna, a homeostase é agora um conceito holístico baseado em desafios ambientais de sobrevivência.

A ideia condensada: Adaptar-se a mudanças externas pelo ajuste do ambiente interno

35 Estresse

Expulso de sua zona de conforto, o ambiente interno de um organismo pode se tornar instável, levando ao estresse – uma perda de homeostase. Os estressores podem incluir calor e frio, falta de alimento e água, lesões físicas e psicológicas: tudo pode desencadear reações fisiológicas que nem sempre são úteis.

Como os organismos reagem a condições estressantes? Uma estratégia é o movimento: a planta sensível *Mimosa pudica* dobra suas folhas finas quando tocadas, por exemplo, enquanto muitos animais podem enrolar-se como uma bola para se proteger do mundo exterior – como em tatuzinhos-de-jardim, tatus e humanos com ressaca. Fugir é outra opção, mas as árvores não podem se desenraizar e os caracóis não chegam a lugar algum com rapidez. Mudanças ambientais rápidas causam danos, independentemente de um organismo poder se mover, e é por isso que a vida desenvolveu mecanismos similares para lidar com o estresse súbito.

Choque de calor Um dia, em 1962, o geneticista italiano Ferruccio Ritossa observou os cromossomos de drosófilas sob o microscópio e notou algumas partes parecendo um pouco inchadas. Verificando a incubadora que ele usava para cultivar células, percebeu que um colega havia acidentalmente aumentado sua temperatura. Os cromossomos estavam normais a 25°C, mas, quando Ritossa deliberadamente incubou as células por trinta minutos a 30°C, apareceu inchaço. Isso aconteceu um ano depois de Sydney Brenner demonstrar que a informação genética do DNA é transportada para os ribossomos produtores de proteínas por uma molécula intermediária – o RNA mensageiro –, e Ritossa acreditou que seus cromossomos estavam inchados porque a atividade genética estava produzindo RNA, mas a proteína codificada não foi isolada até 1975. Como é produzida em resposta ao estresse induzido pela temperatura, foi denominada proteína de choque térmico 70 (HSP70).

Proteínas de choque térmico são vitais para as células. Os processos metabólicos são afetados pela temperatura, e o dobramento das proteínas que os

linha do tempo

1936	1936	1948
Selye propõe que o estresse crônico leva à "síndrome de adaptação geral"	Cortisona e outros hormônios são isolados das glândulas adrenais por Kendall	Hench mostra que o tratamento com cortisona alivia os sintomas da artrite

Extremófilos

Alguns microrganismos prosperam em condições que a maioria dos outros organismos acharia estressante – ou mesmo letal. Essas bactérias e arqueas extremófilas incluem termófilos que adoram calor e podem se reproduzir em até 121°C, halófilos que gostam de altos níveis de sal e acidófilos que preferem pH menor que 3. Pesquisadores exploraram essas habilidades em biotecnologia, sendo o melhor exemplo a *Thermus aquaticus*, uma bactéria isolada de um gêiser no Parque Nacional de *Yellowstone*, em 1969: uma de suas enzimas, a Taq polimerase, foi posteriormente isolada e agora é usada para copiar DNA em laboratórios ao redor do mundo. O extremófilo mais impressionante é um microrganismo tão resistente que foi apelidado de "Conan, a bactéria". A *Deinococcus radiodurans* foi descoberta em 1956 depois que cientistas tentaram esterilizar latas de carne enlatada, expondo-as à radiação ionizante. Em 2006, o biólogo croata-francês Miroslav Radman descobriu que a destruição do genoma do organismo desencadeia um mecanismo especial de reparo do DNA, usando material genético não danificado como guia para reconstituir o cromossomo.

controla pode ser alterado pelo calor. As proteínas deformadas podem interagir e se agregar de forma anormal, como em doenças neurodegenerativas, por exemplo, a doença de Alzheimer. Em 1984, o biólogo britânico Hugh Pelham mostrou que o calor desencadeou o agrupamento de proteínas em células de ratos e macacos, mas a HSP70 extra permitiu que as células se recuperassem mais rapidamente. Posteriormente, Pelham propôs que a HSP70 atua ligando-se a estruturas anormais, separando-as para liberar proteínas corretamente dobradas. Existem inúmeras proteínas de choque térmico, todas pertencentes a um grupo de "chaperonas moleculares" que guiam o dobramento das proteínas.

O estresse celular é detectado por "fatores de choque de calor" que se ligam a interruptores de DNA e ativam genes. Esses genes codificam as proteínas de choque de calor após serem transcritas para o RNA (fazendo o cromossomo inchar). Fatores de choque de calor são retidos pelo DNA por outras proteínas, mas o calor muda sua forma, fazendo-se se soltar. Os fatores são encontrados em todas as formas de vida, desde células complexas até bactérias. Além disso, o calor não é o único estressor que desencadeia essa reação.

1962
Reações ao choque de calor em regiões cromossômicas inchadas são descobertas por Ritossa

1984
Pelham mostra que as proteínas de choque de calor ajudam as células a se recuperar de danos

2013
Boonstra sugere que alguns animais silvestres não sofrem de estresse crônico

Sistemas hormonais O estresse fisiológico é a reação de um organismo multicelular a um ambiente adverso, mas o estresse também vem de dentro, como quando o cérebro humano experimenta ansiedade. Certas células são especialmente sensíveis a estressores – por exemplo, vermes têm duas células nervosas sensíveis à temperatura que estimulam a liberação de hormônios para transmitir sinais de estresse ao redor do corpo.

“Qualquer coisa que cause estresse põe em perigo a vida, a menos que seja correspondida por reações adaptativas adequadas; por outro lado, qualquer coisa que coloque em risco a vida causa estresse e reações adaptativas.”

Hans Selye

A maioria dos vertebrados controla as reações ao estresse por meio de hormônios dos dois lados do eixo do estresse: catecolaminas como adrenalina, que maximizam as chances de sobrevivência a curto prazo, e esteroides chamados glicocorticoides, que preparam todo o corpo para condições adversas a longo prazo. Muitos invertebrados usam um sistema similar, embora com diferentes hormônios. As plantas são muito mais pessimistas: suas células são preparadas para esperar o pior, a menos que detectem hormônios de crescimento chamados giberelinas.

O poder dos glicocorticoides tem sido aproveitado na medicina. Em 1936, o bioquímico norte-americano Edward Kendall isolou seis compostos esteroides das glândulas adrenais de bovinos que melhoraram a força muscular em cães e ratos. O composto E de Kendall foi especialmente eficaz, mas ele só conseguiu obter pequenas quantidades. No entanto, o químico industrial Lewis Sarett sintetizou o composto E artificialmente que, em 1948, estava disponível para testes em seres humanos. O médico Philip Hench, da Clínica Mayo, ofereceu-o a uma paciente com artrite reumatoide – em uma semana, ela saiu do hospital e foi às compras.

Renomeado de cortisona, o composto E de Kendall foi saudado como uma droga milagrosa por suas propriedades anti-inflamatórias, apesar dos efeitos colaterais, como retenção de água e psicose. Em 1985, uma equipe liderada pelo geneticista Ronald Evans identificou um receptor de glicocorticoide encontrado em quase todas as células dos vertebrados. Mais tarde foi descoberto que a cortisona é uma molécula inativa, mas o corpo a converte em um esteroide similar, o “cortisol”. Uma vez que o cortisol entra em uma célula, ele se liga ao seu receptor, mudando a atividade de milhares de seus genes.

Estresse natural Hans Selye, especialista em hormônios, definiu o estresse como “a reação não específica do corpo a qualquer demanda”. Depois de estudar os efeitos de vários agentes nocivos em ratos de laboratório em 1936, ele sugeriu que a ativação crônica do estresse leva à “síndrome de adaptação geral": vários estressores sempre causam sintomas semelhantes. Isso combinaria com os efeitos do cortisol, que suspende o reparo, de modo que o desgaste natural se acumula. No entanto, estudos mostram que diferentes estressores causam diferentes patologias.

Como conceito, o estresse foi desenvolvido com base no estudo de animais em ambientes artificiais, mas, enquanto o estresse de longo prazo mata seres humanos e espécies cativas, isso talvez não ocorra em populações naturais. Os animais selvagens devem enfrentar regularmente o estresse crônico e, no entanto, muitos não morrem apenas de uma reação ao estresse, mas de fome. Em 2013, o fisiologista ecológico Rudy Boonstra revisou vários casos de predação, uma das interações mais estressantes da natureza, comparando os níveis de glicocorticoides produzidos pelas presas. Lêmingues e ratazanas não pareceram preocupados demais com doninhas, a relação entre lobos e alces também era relativamente livre de estresse, enquanto lebres-americanas e esquilos da floresta viviam com medo de predadores. Boonstra acredita que isso reflete diferenças no "histórico de vida" – a seleção natural levou algumas espécies a se acostumarem a estressores, de modo que seus hormônios não se descontrolam.

Reações fisiológicas

O hipotálamo-pituitária-adrenal (HPA) dos vertebrados é um sistema de reação desencadeado por um estressor (estímulo estressante). Depois que o sistema nervoso simpático sinaliza às glândulas adrenais para liberar hormônios catecolamínicos (adrenalina e noradrenalina), o hipotálamo produz hormônios liberadores de corticotropina (CRH), que estimulam a glândula hipófise a liberar adrenocorticotrofina (ACTH). Isso estimula as glândulas adrenais a secretarem hormônios glicocorticoides, que entram nas células e ativam os genes, além de interromper a resposta ao estresse para a homeostase, um ciclo de *feedback* negativo.

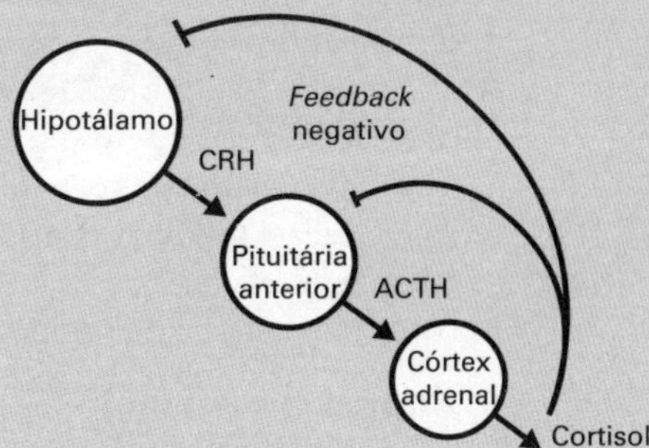

A ideia condensada: Reações fisiológicas ao estresse podem ajudar ou prejudicar os seres vivos

36 Relógios biológicos

O velho provérbio "Deus ajuda quem cedo madruga" é relevante para muitos seres vivos. Não porque ser uma "pessoa matutina" seja uma estratégia de vida mais bem-sucedida, mas porque manter o controle do tempo permite que o organismo combine sua fisiologia e comportamento com mudanças previsíveis em seu ambiente.

A sobrevivência depende não apenas da adaptação à mudança ambiental mas também da antecipação do dia que virá: as plantas floríferas se preparam para a polinização abrindo suas pétalas no momento certo; os mamíferos de hábitos noturnos preparam-se para forragear acordando antes do pôr do sol. O primeiro a estudar esse fenômeno foi o geofísico francês Jean-Jacques d'Ortous de Mairan, em 1729. Depois de notar que as folhas de *Mimosa pudica* se abriam durante o dia e se fechavam à noite, ele colocou uma planta dentro de um armário para testar se ela reagia à privação da luz solar. Apesar da escuridão, as folhas continuaram a se mover de maneira rítmica. De Mairan acreditava que as plantas estavam reagindo a outras sugestões externas, como temperatura ou campos magnéticos, e não marcavam o tempo.

Ritmos circadianos O comportamento diário geralmente reflete processos fisiológicos que seguem um padrão oscilante que corresponde aproximadamente ao ciclo de 24 horas da rotação da Terra. Os níveis do hormônio do sono chamado melatonina aumentam durante a noite e caem durante o dia, enquanto a temperatura corporal faz o oposto. Na década de 1930, o botânico alemão Erwin Bünning descobriu que variedades de feijoeiro levavam períodos de tempo diferentes para fazer o ciclo de movimento das folhas e, quando duas variedades se cruzavam, os híbridos apresentavam períodos de duração intermediária. Isso sugeria um cronômetro interno, um relógio biológico com ritmo circadiano diário.

linha do tempo

1729	1935	1952
De Mairan descobre que os ritmos circadianos continuam sem sinais da luz	Bünning demonstra que períodos circadianos são herdados em plantas e moscas	Pittendrigh prova que o relógio circadiano compensa as temperaturas

Esses ritmos são formados segundo um ciclo natural chamado período de livre curso, que não é exatamente de 24 horas (daí o termo "circadiano", do latim *circa diem*, ou "cerca de um dia"). O pesquisador do sono Charles Czeisler descobriu que o período médio de livre curso é de 24 horas e 11 minutos em humanos. O período pode ser medido por meio de marcadores fisiológicos, como hormônios, ou por meio de ritmos comportamentais, como a atividade diária de roedores em uma roda de corrida ou o horário de pico em que as drosófilas adultas emergem de sua fase de pupa.

O ciclo circadiano humano

Os relógios internos do corpo monitoram o tempo por meio de sinais externos, como a luz, que influenciam processos fisiológicos e, em última instância, alteram nossa atividade e comportamento diários. Os níveis de melatonina aumentam durante a noite e caem durante o dia, por exemplo, o que influencia quando nos sentimos sonolentos.

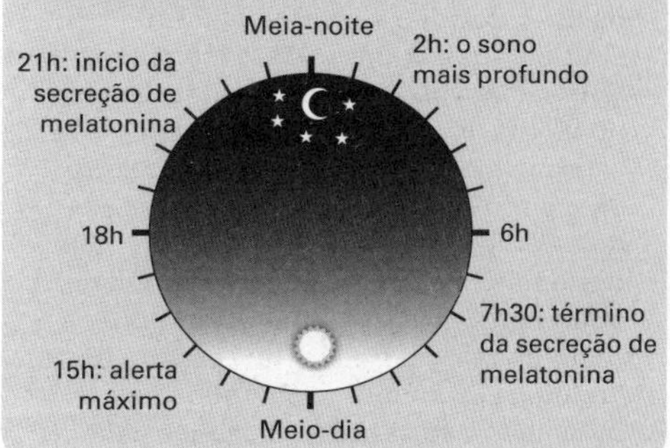

Controle do tempo A ciência moderna da cronobiologia começou nas Montanhas Rochosas. Em 1952, o pesquisador britânico Colin Pittendrigh, da Universidade Princeton, passou o verão em uma estação de campo no Colorado e decidiu repetir um dos experimentos de Bünning. Este descobrira que, depois de colocar as moscas em constante escuridão e baixar a temperatura de 26°C para 16°C, o período de livre curso – baseado na emergência como adultos – foi atrasado em doze horas. Como o metabolismo consiste em reações químicas que são influenciadas pela temperatura, ambientes quentes levariam a uma aceleração dos ritmos circadianos e o frio faria com que eles diminuíssem, tornando o relógio biológico um cronômetro inútil.

Pittendrigh criou uma câmara escura perto de uma panela de pressão, outra em uma "casinha" perto de um poço de mina abandonado. Ao contrário de Bünning, ele descobriu que o pico no surgimento da mosca chegava apenas uma hora depois no banheiro externo. Quando fez o experimento nova-

1971
Gene do relógio "período" é identificado em drosófilas por Konopka e Benzer

1972
Moore e Zucker mostram que o núcleo supraquiasmático é o relógio central do corpo

2002
Células sensíveis à luz que sincronizam o relógio são isoladas por Berson e Hattar

mente em Princeton, obteve o mesmo resultado. No final dos anos 1950, Pittendrigh e outros demonstraram que esse tipo de compensação de temperatura ocorria em vários organismos, inclusive em protistas unicelulares e fungos com esporos, sugerindo que o relógio biológico é onipresente em todas as formas de vida.

Mantendo a sincronia Embora um bom relógio não seja sensível às flutuações ambientais, como a temperatura, também deve ser possível ajustar o tempo. Isso é feito usando uma sinal externo, que o alemão Jürgen Aschoff chamou de "*Zeitgeber*" ("mostrador de tempo", em alemão), que sincroniza o relógio interno com o mundo externo em um processo chamado "arrastamento". *Zeitgebers* impedem que o período de livre curso fique fora de sincronia com o ciclo de 24 horas da Terra.

O *Zeitgeber* principal para a maioria dos organismos é a luz. O "relógio mestre" ou marca-passo em mamíferos é o núcleo supraquiasmático (NSQ), um aglomerado de células nervosas no hipotálamo, acima da fissura central do cérebro. Em 1972, os neurocientistas norte-americanos Robert Moore e Irving Zucker descobriram, de forma independente, que danificar o NSQ fazia com que os ratos perdessem ritmos circadianos. Moore detectou níveis anormais de corticosterona adrenal, uma resposta fisiológica ao estresse, enquanto Zucker observou mudanças nos comportamentos de beber e de se movimentar, com animais ficando ativos em momentos incomuns.

O relógio mestre é reiniciado durante um período principal ao amanhecer ou ao anoitecer. Nos mamíferos, a luz é detectada pelo olho, usando um tipo único de célula não utilizado na visão normal. As "células ganglionares da retina intrinsecamente fotossensíveis", isoladas por David Berson e Samer Hattar em 2002, formam 2% da camada acima dos bastonetes e cones da retina e são conectadas diretamente ao relógio mestre.

Luzes noturnas

O sono é o estado mais importante regulado pelos relógios corporais. Em humanos, os ciclos de luz-escuridão e sono-vigília estão praticamente sincronizados há milênios, mas a tecnologia mudou isso: viagens aéreas causam *jet lag* porque a luz do sol colide com um relógio que diz "hora de dormir", enquanto a luz artificial permite que as pessoas regularmente redefinam seus relógios, como ocorre durante o trabalho por turnos. Os ciclos de luz-escuridão e sono-vigília são controlados por um relógio mestre e um homeostato do sono, ambos localizados no hipotálamo. A ligação entre o cansaço e a fome não é surpreendente, uma vez que o hipotálamo controla os dois comportamentos e explica por que ansiamos por um lanche à meia-noite quando deveríamos estar dormindo. Além do relógio mestre do cérebro, há "relógios escravos" espalhados pelo corpo que não são sincronizados pela luz, mas por outras sugestões externas. O fígado ajusta seu tempo interno sempre que você come, por exemplo. A sincronização inapropriada à noite leva a padrões de sono fragmentado e de má qualidade e problemas de saúde, como depressão e obesidade.

Genes de relógio Em um experimento, Bünning gerou drosófilas em luz constante por trinta gerações (cerca de um ano) para destruir seus ritmos circadianos. Quando colocou as moscas na escuridão total, os ritmos retornaram. Esse experimento mostrou que os organismos não rastreiam o tempo usando algum tipo de memória; o relógio é herdado geneticamente.

“Os ritmos circadianos refletem uma extensa programação de atividade biológica que corresponde aos desafios e oportunidades oferecidos pela natureza periódica do meio ambiente e os explora.”

Colin Pittendrigh

As engrenagens de um relógio biológico, suas partes móveis, são proteínas cujos níveis oscilam ao longo do dia. Essas proteínas são codificadas por “genes de relógio”. O primeiro gene foi descoberto, em 1971, pelos geneticistas norte-americanos Ronald Konopka e Seymour Benzer, que identificaram três formas mutantes de drosófilas com padrões anormais de movimento e emergência: moscas com ritmos circadianos mais longos que o período de livre curso, aquelas com um período mais curto e moscas sem ritmo. As mutações por trás de seus comportamentos foram mapeadas no mesmo local do DNA, um gene agora chamado de “período”.

Componentes do relógio biológico diferem entre as espécies, mas o mecanismo básico é o mesmo. À medida que a atividade dos genes de relógio oscila, os níveis de suas proteínas codificadas sobem e descem, o que influencia se uma proteína se liga ao DNA e liga ou desliga um gene relacionado à fisiologia, o que acaba afetando o comportamento. Por exemplo, o gene do relógio “tok1” controla quando as plantas acordam de manhã e fecha os poros nas folhas para evitar a perda de água à noite. Os componentes de relógio também interagem e se regulam em um *loop* de *feedback*.

A ideia condensada: A atividade biológica é sincronizada com um período de 24 horas

37 Sono

O período distinto de descanso do sono deixa um animal vulnerável a ameaças ambientais, mas todas as espécies o fazem até certo ponto – os humanos passam cerca de um terço da vida dormindo. Embora existam várias teorias para a função do sono, ele continua sendo um dos maiores mistérios da biologia.

As características do sono são fáceis de reconhecer: os animais ficam fisicamente inativos quando se compara com o estado de vigília, são menos capazes de reagir à maioria dos estímulos e adotam uma postura de sono específica para suas espécies (os humanos deitam, os morcegos ficam de cabeça para baixo). O estado pode ser prontamente revertido, distinguindo-se de estados latentes como torpor ou hibernação (metabolismo reduzido a curto ou longo prazo) e coma (o estado às vezes irreversível de "sono profundo"). Alguma forma de sono ocorre em todas as espécies animais com sistema nervoso.

Mamíferos e aves têm dois tipos distintos de sono: o movimento rápido dos olhos (REM) e o sono não REM (NREM), que podem ser detectados por registros de atividade cerebral no eletroencefalograma (EEG). Durante o NREM, os impulsos nervosos aparecem como ondas sincronizadas de atividade elétrica em todo o cérebro, enquanto as ondas cerebrais REM são caóticas e se assemelham à atividade de vigília. O REM foi descoberto pelos fisiologistas norte-americanos Nathaniel Kleitman e Eugene Aserinsky em 1953. Alguns anos depois, Kleitman e William Dement descobriram que o sonho está associado ao REM e que, em humanos, o sono ocorre em ciclos, cada um consistindo em três estágios de NREM seguido por REM.

Os animais normalmente não ficam ativos durante o sono porque o cérebro paralisa o corpo, restringindo os movimentos a sistemas vitais como a respiração e contrações musculares, como os movimentos dos olhos. O sistema de controle foi revelado em 1959 pelo neurobiólogo francês Michel Jouvet, que observou gatos com lesões na região da ponte do tronco cerebral. Quando danificada, a ponte é incapaz de inibir centros motores na medula oblonga,

linha do tempo

1953	1958	1959
O sono REM é descoberto por Kleitman e correlacionado com o sonho em 1957	A melatonina, hormônio do ciclo do sono, é isolada de glândulas pineais por Aaron Lerner	Jouvet revela um sistema de controle no cérebro que paralisa o corpo

que determinam a atonia muscular (paralisia). Durante o REM, os gatos de Jouvet exibiram comportamentos como atacar um inimigo invisível; eles estavam representando seus sonhos.

Funções do sono Como o pesquisador do sono Allan Rechtschaffen disse certa vez: "Se o sono não serve a uma função absolutamente vital, é o maior erro que a evolução já cometeu". Experiências feitas por Rechtschaffen na década de 1980 mostraram que ratos colocados em um disco flutuante em um balde de água foram forçados a ficar acordados por medo de se afogarem. Depois de duas ou três semanas, os efeitos foram letais. Nas pessoas, a privação do sono prejudica a capacidade cognitiva e altera o humor e a personalidade. E, ainda assim, as aves migratórias podem passar longos períodos sem dormir, enquanto os pombos submetidos ao experimento com disco flutuante não sofrem efeitos nocivos, sugerindo que o sono nem sempre é essencial.

Ciclos de sono

Ao longo das três fases do sono NREM (movimento não rápido dos olhos), as ondas cerebrais ficam progressivamente mais lentas e mais sincronizadas e fica mais difícil acordar um animal, com uma depressão na fase N3 – ondas lentas ou sono profundo. A atividade cerebral acelera e entra no sono REM (às vezes com despertares breves) antes de o ciclo recomeçar. Cada ciclo de sono dura cerca de noventa minutos em humanos adultos.

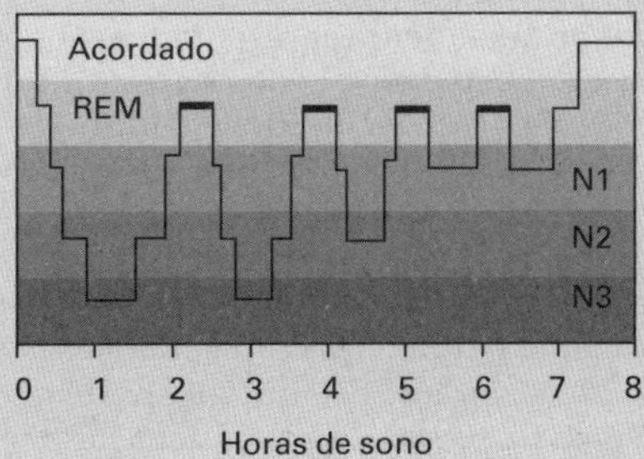

Há três teorias principais sobre por que dormimos: conservação de energia, manutenção do cérebro e reparação e restauração. O morcego *Eptesicus fuscus*, predador noturno que dorme vinte horas por dia, parece economizar energia em vez de se recuperar de suas quatro horas de caça. Também faz sentido que o corpo precise se consertar e reabastecer o suprimento de moléculas usadas quando ativo. Finalmente, o sono provavelmente reforça e reduz as conexões neurais feitas para o aprendizado e a memória; pesquisadores como Robert Stickgold mostraram que a recuperação é melhor depois que as pessoas dormem. O cérebro humano constitui 2% do nosso peso corporal total e consome 20% das calorias usadas durante o despertar

1980
Borbély propõe que o sono é regulado pela homeostase e pelo relógio circadiano

Anos 1980
Experimentos de privação de sono de Rechtschaffen em ratos sugerem que o sono é vital

1998
O hormônio do despertar, hipocretina (orexina), é descoberto por Luis de Lecea e Miho Yanagisawa

Sonhar

Os sonhos são a sequência de imagens, pensamentos e emoções que passam pela mente inconsciente. São um mistério tão grande quanto o sono e existem várias teorias sobre por que sonhamos. Uma das primeiras surgiu em 1977, quando os psiquiatras Allan Hobson e Robert McCarley sugeriram que os sonhos são simplesmente um efeito colateral da atividade cerebral aleatória, que a mente tenta entender juntando as coisas em uma história. Outra teoria importante é que, como os sonhos geralmente apresentam eventos recentes, estão envolvidos no processamento de informações. Em 2000, o pesquisador de comportamento animal Daniel Margoliash descobriu que a atividade do cérebro no córtex motor dos pássaros diamantes-mandarins que cantam durante o dia correspondia à atividade durante o sono, sugerindo que os pássaros repetissem músicas para o aprendizado. Em mamíferos, estudos do neurocientista Matthew Wilson mostraram que os ratos sonham com atividades de vigília (como correr em um labirinto) enquanto dormem, como detectado por meio da atividade neural no hipocampo, a região do cérebro que ajuda a formar memórias. Ainda não está claro se a narrativa criada nos sonhos é útil na consolidação da memória, mas, como a maioria dos sonhos ocorre durante o sono REM, parece que a razão pela qual sonhamos provavelmente reflete a própria função do sono REM.

silencioso; portanto, o tempo de inatividade pode ter múltiplas vantagens.

No entanto, toda teoria do sono tem seus pontos fracos. Se o sono economiza energia, por que os animais ficam cansados depois de sair da hibernação? Se repara e restaura, por que o corpo produz mais proteína enquanto está acordado? Se faz a manutenção do cérebro, por que os cetáceos (baleias e golfinhos, alguns dos mamíferos mais inteligentes) desligam apenas metade do cérebro por até duas horas? Durante este "sono uni-hemisférico", Jerome Siegel descobriu que os cetáceos continuam nadando sem esbarrar nas coisas, e não têm REM. De fato, o REM desafia muitas explicações, porque a atividade cerebral rivaliza com a vigília. Todas essas contradições sugerem que o "sono" é um termo abrangente para uma variedade de processos que agora coincidem durante um único período de descanso.

O ciclo de sono-vigília Em 1980, o pesquisador suíço Alexander Borbély propôs que o sono é regulado por dois processos: um relógio biológico controlando quando e um mecanismo homeostático controlando quanto. O relógio biológico é um cronômetro sincronizado com sinais externos, como a luz, enquanto o homeostato aumenta ou diminui a intensidade do sono com base em déficits ou excesso de sono. A forma como o homeostato funciona ainda não é conhecida, mas a privação faz com que as células do prosencéfalo basal liberem adenosina, sugerindo que seu nível age como uma espécie de "contador".

O relógio mestre do corpo e o homeostato do sono ficam no hipotálamo, uma região do tamanho de uma amêndoa logo acima do tronco cerebral, que também controla o apetite, a sede e outras funções de estimulação.

Especificamente, os dois reguladores do sono ficam em um grupo de neurônios chamado núcleo supraquiasmático (NSQ). Quando a escuridão cai, as células do olho enviam sinais ao NSQ, indicando à glândula pineal próxima para liberar o hormônio melatonina, que transmite um sinal sonolento pelo corpo. No entanto, a verdadeira "mudança" do ciclo de sono-vigília parecem ser os hormônios conhecidos como hipocretinas ou orexinas, que desencadeiam o início da vigília no cérebro. Essas moléculas, descobertas independentemente em 1998 por duas equipes, são liberadas pelo hipotálamo e lembram a secretina, um hormônio que regula a água no corpo.

"O sono é um tópico em que quase todo mundo se considera uma autoridade por causa do interesse pessoal e experiência em primeira mão."

Nathaniel Kleitman

Na década de 1970, William Dement estabeleceu uma colônia de cães na Universidade Stanford para estudar distúrbios do sono. Isso levou Emmanuel Mignot a estudar a narcolepsia, um súbito início de sono, identificando uma ligação com problemas na detecção do hormônio da vigília, a hipocretina. Os *dobermanns* carregam uma mutação no receptor da hipocretina, enquanto os humanos narcolépticos danificam as células hipocretinas do hipotálamo. Os cientistas agora estão tentando criar uma forma artificial do hormônio, não apenas para os narcolépticos, mas para qualquer um que precise ficar acordado, como pilotos ou motoristas de longa distância. Podemos não saber por que dormimos, mas em breve poderemos controlar o sono.

A ideia condensada: Um período de descanso útil, mas não necessariamente vital

38 Memória

Imaginamos que as experiências passadas são registradas como em uma câmera de filmar, com memórias armazenadas em um disco rígido de computador como arquivos que podem ser repetidos. Mas, na realidade, sequências contínuas são ilusões feitas de pedaços de informação; nem mesmo são objetos físicos como células cerebrais, mas ficam nas lacunas entre elas.

A maioria dos animais tem uma "memória implícita" para percepção e habilidades motoras que inclui ações reflexas: em 1903, o fisiologista russo Ivan Pavlov, um especialista em digestão, notou que os cães em seu laboratório não só salivavam com a visão ou o cheiro de comida como também quando seu assistente aparecia antes do horário de alimentação. Essa "secreção psíquica", como ficou conhecida, inspirou sua famosa experiência: tocar uma campainha perto do horário do jantar condicionou os cães a associar os dois estímulos. Então, eles salivavam apenas com o som, provando que uma resposta comportamental poderia ser modificada por meio do aprendizado.

Os animais com sistemas nervosos sofisticados também têm "memória explícita", usada para fatos e eventos, o que requer percepção consciente. Em humanos, os dois tipos de memória – implícita e explícita – estão armazenados no córtex cerebral, mas são formados em regiões diferentes, como ilustrado pelo caso de "HM", norte-americano de 27 anos que sofria de convulsões. Em 1957, o cirurgião William Scoville e a neurocientista Brenda Milner descreveram os efeitos da remoção de parte do lobo temporal medial de HM, uma área acima do tronco cerebral que inclui um par de estruturas curvas, o hipocampo. Após o procedimento, HM pôde recordar eventos de dezenove meses antes, mas não depois. HM foi curado de epilepsia, mas saiu com "amnésia anterógrada": a incapacidade de formar novas lembranças.

Aprendizagem Até meados do século XX, os cientistas tendiam a tratar o cérebro como uma caixa-preta. Isso não é surpresa se considerarmos

linha do tempo

1894	1903	1949
A plasticidade sináptica das conexões neurais é sugerida por Ramón y Cajal	Os cães de Pavlov demonstram que o comportamento pode ser modificado por meio da aprendizagem	Hebb propõe que o aprendizado envolve atividade coordenada de neurônios conectados

que um cérebro típico de mamíferos consiste em bilhões de neurônios, cada um com mil sinapses, as junções que os conectam a outras células. Em vez de tentar desvendar essa complexa conexão, o neurocientista austro-americano Eric Kandel começou a estudar a simples *Aplysia*, uma lesma-marinha com 20 mil neurônios, cujas células grandes e acessíveis facilitaram a análise de como o aprendizado modifica o comportamento. A partir dos anos 1960, Kandel usou minúsculos eletrodos para registrar os impulsos em um simples circuito de trinta neurônios, controlando um reflexo defensivo básico no molusco marinho, onde ele retrai a brânquia embaixo do corpo quando seu sifão é tocado.

Centros de armazenamento

As experiências passadas não são armazenadas em um local específico no cérebro humano, mas como conexões entre os neurônios em áreas apropriadas. O hipocampo no lobo temporal medial é inicialmente necessário para formar memórias explícitas de informações como fatos, mas o armazenamento de longo prazo ocorre no córtex.

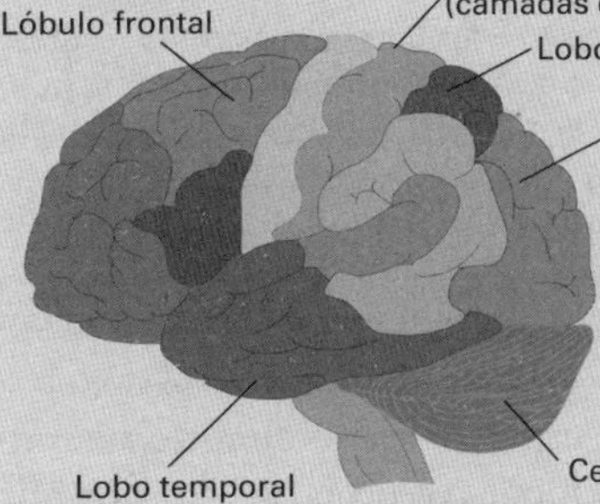

Kandel começou com um processo de aprendizado chamado sensibilização. Assim como sustos regulares em um filme de terror deixam você mais sensível a um tapinha inofensivo no ombro, Kandel descobriu que choques leves na cauda da *Aplysia* tornavam-na mais sensível a um toque no sifão. A lesma lembrava-se da experiência desagradável, e essa duração da memória dependia da frequência dos choques: ela esquecia dentro de uma hora após um único choque, mas quatro choques únicos faziam com que ela se lembrasse por mais de um dia. Converter uma memória de curto prazo em uma de longo prazo envolve, portanto, repetição espaçada.

Plasticidade sináptica Em 1894, o biólogo espanhol Santiago Ramón y Cajal, pai da neurociência moderna, propôs que as conexões nas sinapses não eram fixas, mas flexíveis, um princípio agora conhecido como "plasticidade sináptica". Isso ficou comprovado no trabalho de Kandel: como ele

1957
Scoville e Milner revelam que o hipocampo é usado para formar memória explícita

Anos 1970
Lesmas-marinhas estudadas por Kandel começam a revelar como a memória implícita é armazenada

1986
Kandel mostra que a memória de longo prazo envolve células que produzem novas proteínas

Manipulando a memória

A memória é não confiável, maleável e facilmente modificada. Em 1974, a psicóloga norte-americana Elizabeth Loftus descobriu que lembranças falsas podem ser implantadas por meio de um "efeito de desinformação": depois de fazer uma pergunta ou mudar um pequeno detalhe, como substituir uma palavra neutra como "atingido" por "esmagado", a lembrança de testemunhas de um acidente de carro fica distorcida, então eles se lembraram de ver vidros quebrados em uma cena onde não existiram. Isso sugere que as pessoas não devem ser condenadas por um crime com base apenas em depoimentos de testemunhas oculares. Os cientistas agora pretendem explorar a natureza não confiável da memória para editar más experiências e melhorar a saúde mental, como a redução do poder de *flashbacks* que os soldados sofrem com o transtorno de estresse pós-traumático (TEPT). Ao contrário dos arquivos de computador organizados em uma pasta, uma lembrança não pode ser excluída em um clique, porque suas partes – inclusive informações sensoriais e emoções associadas – estão espalhadas pelo cérebro. Mas pode levar algum tempo para que um evento seja totalmente consolidado na memória de longo prazo, permitindo que as pessoas "lembrem-se de esquecer": pedir a um paciente com TEPT que reviva um trauma recente enquanto aplica um medicamento como o propranolol (um betabloqueador) interfere nas moléculas que formam e mantêm memórias. Isso pode cortar as conexões sinápticas entre um evento e seu estresse associado, reduzindo o impacto emocional da lembrança.

usou o mesmo circuito neural para diferentes processos de aprendizagem – inclusive o oposto de sensibilização, a habituação –, ficou claro que a memória não é codificada pelas células, mas por suas conexões.

A memória explícita para fatos e eventos é muito mais complexa do que a memória implícita, como reflexos, e às vezes envolve a conexão de informações aparentemente desconexas. Então, como os neurônios se associam uns aos outros? Em 1949, o psicólogo canadense Donald Hebb propôs que, se uma célula dispara regularmente um impulso em direção a uma célula vizinha, que então envia seu próprio sinal, a conexão sináptica entre elas fica mais forte. Simplificando, "células que disparam juntas, permanecem juntas". O efeito físico é agora chamado de potenciação a longo prazo (PLP).

Uma memória individual é como um rio que só se torna visível quando a água está fluindo, quando as células estão disparando. Seu traço físico (o "engrama") é uma marca deixada em um leito seco do rio, que pode ser aprofundada por meio de disparos de neurônios em longo prazo. O leito do rio em si é feito de moléculas: proteínas dentro dos neurônios, íons de cálcio criando voltagem através das membranas celulares e neurotransmissores como serotonina, glutamato e dopamina nas lacunas sinápticas.

Armazenamento e *recall* A memória de curto prazo retém informações por segundos ou minutos; a memória de longo prazo pode durar anos. Em 1986, Kandel revelou a diferença molecular entre elas: depois de dar às células da *Aplysia* várias drogas que bloqueiam a produção de novas proteínas, a sensibilização de curto prazo permaneceu, mas a memória de longo prazo não. A memória de curto prazo, portanto, usa moléculas preexistentes na sinapse, enquanto a de longo prazo requer nova síntese de proteínas, que envolve a comunicação entre as sinapses e o núcleo da célula ao longo de uma reação molecular em cadeia e as proteínas ativadoras dos genes CREB-1 e CREB-2.

> **“Se as formas elementares de aprendizagem são comuns a todos os animais com um sistema nervoso evoluído, deve haver características conservadas nos mecanismos de aprendizagem no armazenamento no nível celular e molecular.”**
>
> **Eric Kandel**

A forma como as memórias são mantidas e invocadas é ainda menos compreendida. Uma descoberta interessante é que as experiências recentes passam por um período de “reconsolidação” antes de se tornarem memória estável e de longo prazo. Em 2000, o neurocientista canadense Karim Nader ensinou ratos a associar um leve choque a um tom agudo. Depois que os animais receberam injeção com uma droga que previne a formação de novas lembranças, eles não recuaram ao ouvir o barulho; os ratos esqueceram o medo. A palavra “recordação” descreve melhor como uma memória é recuperada: as partes são acessadas e recombinadas a cada vez. Longe de serem gravações, as memórias são facilmente manipuladas.

A ideia condensada: As experiências são armazenadas como um padrão de conexões neurais

39 Inteligência

A inteligência é o produto da cognição, os processos mentais que permitem que um animal adquira e aplique conhecimento. Por essa definição, os seres humanos são as espécies mais inteligentes, então, uma maneira de identificar outras criaturas espertas é comparar suas habilidades cognitivas às nossas, derrubando alguns estereótipos de animais.

A inteligência animal não pode ser medida com um teste de Q.I.; não apenas porque eles não podem ler nem escrever, mas porque nossos testes são influenciados pela biologia humana, como ter polegares opositores. Essas visões antropocêntricas são importantes para se ter em mente quando se compara a inteligência animal.

Até muito recentemente, a capacidade de produção de ferramentas da nossa espécie era assumida como uma característica humana única e definidora. Então, na década de 1960, a primatóloga britânica Jane Goodall começou a estudar chimpanzés na Tanzânia. Um dia, notou um chimpanzé macho tirando as folhas de um graveto e usando-o para extrair cupins de montículos. Quando Goodall relatou essa observação a seu mentor, o antropólogo Louis Leakey, ele respondeu: "Agora precisamos redefinir ser humano, redefinir ferramenta ou aceitar os chimpanzés como humanos".

Criando ferramentas Hoje sabemos que o uso de ferramentas ocorre em todo o reino animal. Por exemplo, golfinhos nariz-de-garrafa em Shark Bay, na Austrália, protegem seus bicos com esponjas [poríferos] enquanto buscam alimento no chão arenoso do oceano, enquanto macacos-prego escolhem pedras para cavar e quebrar nozes. Um aspecto fundamental é que os animais devem alterar e manter o dispositivo – um ramo só se torna uma ferramenta quando separado de uma árvore. Muitas ferramentas são objetos encontrados, e um feito mais impressionante é modificar algo para melhorar sua função; o que poderíamos chamar de tecnologia.

linha do tempo

1964
Goodall informa que chimpanzés na Tanzânia fabricam ferramentas com gravetos

1970
A autoconsciência em chimpanzés é demonstrada por Gallup usando o teste do espelho

1977
Pepperberg começa a ensinar ao papagaio Alex palavras para estudar a cognição aviária

Apenas algumas espécies fabricam ferramentas sofisticadas. A habilidade limitava-se a primatas até que o psicólogo comparativo Gavin Hunt visitou as ilhas da Nova Caledônia, no Pacífico Sul. Hunt observou que uma espécie de corvo dobrava os galhos em ganchos e usava folhas com pequenas farpas ao longo de sua borda, rasgando tiras em passos deliberados para criar ferramentas longas e afiladas que podem prender larvas em buracos de árvores. O estereótipo de "cérebro de pássaro" foi derrubado por corvos da Nova Caledônia e outros membros da família Corvidae.

Entendendo a linguagem Os papagaios repetem palavras, mas eles as entendem? Depois de obter o título de doutora em química teórica, Irene Pepperberg decidiu descobrir. Em 1977, ela comprou um papagaio-cinzento de um ano de idade de uma loja de animais localizada próxima ao aeroporto de Chicago e o nomeou "Alex" (supostamente a abreviação de "Avian Learning Experiment", ou Experimento de Aprendizagem Aviária). Ao longo de três décadas, Pepperberg ensinou ao pássaro mais de cem palavras. Se mostrasse uma chave verde e uma xícara verde e perguntasse o que era diferente, Alex dizia "forma". Se questionado o que era igual, ele respondia "cor". Ele conseguia contar até seis e improvisava quando se esforçava. Como uma maçã vermelha tinha gosto de banana e parecia uma cereja, ele a chamava de "banareja".Alex era capaz de mais coisas do que simplesmente "papagaiar".

Consciência

"Como é ser um morcego?" Essa pergunta foi feita em 1974 pelo filósofo Thomas Nagel, que argumentou que a vida como um mamífero voador, usando a ecolocalização para navegar, é tão estranha à experiência humana que nunca poderemos entender como um morcego percebe o mundo. Considerando que os filósofos vêm debatendo a consciência há séculos, a biologia pode ajudar a compreendê-la? O ensaio de Nagel foi um argumento contra o "reducionismo", a visão de que sistemas complexos como o cérebro podem ser explicados como a soma de suas partes. Mas muitos cientistas acreditam que essa é uma maneira prática de abordar o "difícil problema" da consciência, pois fenômenos subjetivos têm certas qualidades como cor ou sabor ("qualia"). Como as experiências são, em última instância, codificadas pelo comportamento das células nervosas, deveria, em princípio, ser possível detectar eventos ou padrões associados no cérebro – os "correlatos neurais da consciência". Os neurobiólogos acreditam que a consciência pode ser desvendada, começando com como é ser humano.

1984
Herman mostra que golfinhos entendem a ordem das palavras em frases

1996
Hunt descobre que os corvos da Nova Caledônia conseguem fabricar ferramentas sofisticadas

2001
Emery e Clayton mostram que os gaios-dos-arbustos (*Aphelocoma coerulescens*) têm memória episódica

Animais falantes são raros porque a maioria das espécies não tem lábios, cordas vocais ou outras características para imitar a fala humana. No entanto, vários primatas não humanos aprenderam a se comunicar por outros meios. No Zoológico de São Francisco, Koko, o gorila, conhece mais de mil gestos na língua de sinais, enquanto a primatóloga norte-americana Sue Savage-Rumbaugh ensinou Kanzi, o chimpanzé-pigmeu, a reconhecer símbolos de lexigrama em um tabuleiro ou em tela sensível ao toque. Os golfinhos podem levar essa capacidade para o próximo nível, compreendendo a ordem específica das palavras em uma frase – sua sintaxe. Como relatado por Louis Herman em 1984, golfinhos nariz-de-garrafa podem usar gramática simples com gestos: uma fêmea chamada Akeakamai sabia que um movimento de bombeamento de punho fechado era "aro", braços esticados verticalmente acima da cabeça era "bola" e um gesto de "venha cá" significava "buscar". Se lhe dissessem "aro-bola-buscar", Akeakamai empurrava uma bola através de um aro, enquanto "bola-aro-buscar" indicava que ela devia levar o arco até a bola. Ao contrário de alguns humanos, ela também sabia distinguir esquerda de direita.

"Eu sabia que era muito entusiasmante... escolher um ramo frondoso e tirar as folhas, o que é o começo da fabricação de ferramentas."

Jane Goodall

O eu e os outros Em 1970, o psicólogo Gordon Gallup deixou os chimpanzés se acostumarem a um espelho antes de anestesiá-los e marcar seus rostos com pontos vermelhos. Quando os chimpanzés acordaram e viram o seu reflexo, tocaram as marcas, reconhecendo sua aparência, enquanto outros macacos reagiram como se seu reflexo fosse um novo indivíduo. Os donos de cães podem alegar que seus animais de estimação sabem o que estão pensando, mas os animais não passam nesse "teste de espelho". Isso não significa necessariamente que não sejam autoconscientes: o principal sentido de um cão é o olfato, não a visão. No entanto, animais como golfinhos, elefantes e a pega-rabuda (um corvídeo) passam no teste. Primatas – inclusive bebês humanos – tornam-se autoconscientes entre um e dois anos de idade.

Em que pensa outro animal? Na psicologia, essa é "teoria da mente", a capacidade de entender que o estado mental de outro indivíduo pode diferir do seu. Em 2001, os cientistas cognitivos britânicos Nathan Emery e Nicola Clayton mostraram que os gaios da Flórida podem lembrar-se de eventos específicos; memória episódica ou "viagem mental no tempo". Se um pássaro vê que um concorrente o viu esconder comida, ele troca seu esconderijo enquanto o segundo pássaro está fora. Isso é comum quando um gaio, ele mesmo, já roubou, sugerindo que ele entende a intenção de roubar.

Cérebros maiores e melhores Por que algumas espécies são mais inteligentes que outras? Os mais inteligentes têm cérebros maiores em relação ao tamanho do corpo, o que coincide com evidências anedóticas do uso de ferramentas, linguagem e autoconsciência: golfinhos e primatas são espertos em comparação a ovelhas e camundongos; papagaios e corvídeos são inteligentes; pombos e galinhas não são. Alguns pesquisadores sugerem que os corvídeos e os macacos desenvolveram habilidades comparáveis para lidar com ambientes sociais semelhantes. As pressões ecológicas então conduziram à seleção natural, levando à evolução convergente das estruturas cerebrais em espécies distantemente relacionadas. É por isso que os corvos podem ser tão espertos quanto os chimpanzés.

A massa cinzenta do cérebro de um mamífero assemelha-se a uma noz por causa de seu neocórtex dobrado, enquanto a massa cinzenta da ave é organizada em bolsões. As estruturas são diferentes, mas equivalentes, o que alimenta a necessidade de poder do cérebro. Como Nathan Emery e Nicola Clayton descrevem: "A analogia seria comparar um sanduíche (mamífero) a uma pizza de pepperoni (ave)". A dupla propõe que corvídeos e macacos têm habilidades comparáveis devido a ambientes sociais semelhantes, por exemplo, para enganar os concorrentes. As pressões ecológicas então conduziram à seleção natural, levando à evolução convergente de estruturas cerebrais equivalentes em espécies com relacionamento distante. É por isso que os corvos podem ser tão espertos quanto os chimpanzés.

A ideia condensada: Pressões ecológicas moldam a capacidade cognitiva

40 Humanos

O que nos torna humanos? De onde viemos? Por que somos diferentes? Até cerca de uma década atrás, essas questões só podiam ser respondidas por arqueólogos e antropólogos, mas a tecnologia de sequenciamento agora permite aos biólogos comparar o DNA do *Homo sapiens* ao de outras espécies – inclusive com nossos ancestrais extintos – para revelar os segredos das origens humanas.

Cada espécie é especial, com adaptações únicas que a diferenciam das outras. No entanto, não há dúvida de que os seres humanos têm características incomparáveis em relação ao restante da vida na Terra, como a capacidade de transmitir conhecimento através da linguagem. Segundo os arqueólogos, nossos ancestrais começaram a fazer ferramentas de pedra há 2,6 milhões de anos, enquanto "humanos anatomicamente modernos" saíram da África há cerca de 200 mil anos. Paleoantropólogos dizem que artefatos culturais como a arte apareceram na Eurásia há 60 mil anos, quando os humanos começaram a colonizar o globo.

Grandes primatas Os seres humanos não estão relacionados aos primatas nem descendem de primatas; nós *somos* primatas. O que nos separa de nossos primos mais próximos? Um exemplo famoso é o FOXP2, um gene que causa problemas de fala e linguagem se mutado em pessoas. Em 2002, o geneticista alemão Wolfgang Enard descobriu que, enquanto o FOXP2 é quase idêntico entre os mamíferos não humanos, a versão humana produz proteínas com duas mudanças de aminoácidos. Quando essas mudanças foram induzidas em camundongos, Enard descobriu que algumas células cerebrais, parte de um circuito neural necessário para a função motora, cresciam mais e tinham maior plasticidade sináptica, o que sugere que as duas mudanças de proteínas são adaptações para realizar tarefas complexas.

A sequência do DNA do chimpanzé foi lida em 2005 com o objetivo de descobrir as diferenças a partir de nosso genoma. Logo vieram os gorilas e orangotangos, com primatas do Velho Mundo em contraste. Embora o ali-

linha do tempo

2001
Acontecem o sequenciamento inicial e a análise do genoma humano

2002
O gene FOXP2 para linguagem e fala é verificado como diferente em humanos

2005
A comparação entre o genoma do chimpanzé e o humano revela poucas diferenças

nhamento dos genomas lado a lado tenha revelado algumas diferenças, identificar aquelas importantes para a evolução humana tem sido difícil. Comparar nosso genoma com o do chimpanzé mostra que, como compartilhamos um ancestral, nosso DNA acumulou 20 milhões de substituições de nucleotídeos (alterações de uma única letra). Parece muito, mas representa apenas 0,6% das 3,2 bilhões de letras de nosso genoma.

> **“O sequenciamento de genomas antigos nos dirá por que, de todos os primatas, os humanos modernos foram os que se espalharam por todos os cantos do globo e remodelaram o planeta.”**
>
> **Svante Pääbo**

Uma maneira de identificar DNA potencialmente importante é detectar seções que foram obtidas ou perdidas. Em 2011, uma equipe liderada por Gill Bejerano e David Kingsley encontrou mais de quinhentos apagamentos em humanos em relação a outros primatas e estudou dois em detalhes. Um deles foi a perda de um intensificador (elemento de controle de DNA) para um gene receptor andrógeno, que teve o efeito anatômico de remover pequenos espinhos do pênis. Um potencializador também foi perdido a partir de GADD45G, um gene que restringe a divisão celular no córtex cerebral, sugerindo que esse apagamento poderia ter permitido que o cérebro humano aumentasse de tamanho.

Diferenças arcaicas Todos os primatas semelhantes a humanos desde a separação dos chimpanzés – inclusive espécies de *Homo* e *Australopithecus* – são “hominídeos”, enquanto os hominídeos extintos do último meio milhão de anos são chamados de humanos “arcaicos”. Os neandertais são o exemplo mais famoso e aparecem pela primeira vez no registro fóssil há mais de 300 mil anos, extintos há cerca de 30 mil anos. Todo mundo sabe que sua constituição era mais corpulenta que a dos humanos modernos, mas seu cérebro era maior também. O que deu ao *Homo sapiens* uma vantagem sobre os humanos arcaicos?

O progresso na chamada paleogenética tem sido atormentado por problemas técnicos como a contaminação, mas, em 2010, uma equipe liderada pelo geneticista sueco Svante Pääbo finalmente sequenciou o genoma do homem de neandertal. A descoberta mais controversa é que cerca de 2% de nosso genoma está intimamente relacionado ao do homem de neandertal,

2008	2010	2010
É lançado o Projeto 1.000 Genomas para variação genética humana	É publicado o rascunho da sequência do genoma do homem de neandertal	O histórico genético denisovano é revelado na sequência de DNA

sugerindo que nos cruzamos. Em 2010, o genoma de um pequeno fragmento de osso de dedo encontrado na caverna Denisova, na Sibéria, revelou outra espécie desconhecida, o primeiro grupo de humanos arcaicos a ser definido sem um esqueleto. Esses "denisovanos" contribuíram com cerca de 5% do material genético para as pessoas modernas do sul do Pacífico.

Singularidade

As pessoas são incrivelmente semelhantes no nível do DNA: 99,9% são idênticas para diferenças apresentadas em uma única letra. Mas esses números nos dizem pouco sobre como variantes genéticas – alelos – nos tornam únicos. Como os biólogos poderiam oferecer percepções sobre a individualidade genética? Uma maneira é introduzir alelos humanos em camundongos, um exemplo sendo o gene EDAR (receptor de ectodisplasina), no qual a variante 370A produz dentes mais grossos e em forma de pá. Essa variante é transportada por cerca de 100% das pessoas em muitas populações asiáticas e surgiu na China há 30 mil anos. Em 2013, uma equipe liderada por Bruce Morgan e Pardis Sabeti criou camundongos geneticamente modificados com 370A. Além de pelagem mais espessa, os animais também sofreram outras alterações, incluindo glândulas sudoríparas extras. Pesquisando o grupo étnico chinês han, Morgan e Sabeti descobriram que o 370A está associado a mais glândulas entre as pessoas também. No entanto, esse modelo de camundongo para entender a função não funcionará para todas as variantes, porque os efeitos de um gene podem ser influenciados por seu "fundo genético" – um gene introduzido pode não interagir com o DNA de um camundongo como faria dentro de um corpo humano. Outra maneira é inserir genes em células-tronco desenvolvidas em laboratório, mas esse tecido também é isolado do corpo. Em princípio, tais abordagens poderiam ser usadas para estudar humanos arcaicos como os neandertais.

De acordo com Pääbo, os humanos modernos não substituíram totalmente as espécies arcaicas; o cruzamento inicial significava uma "substituição vazada". Quase 2 bilhões de letras do genoma humano podem ser alinhadas ao DNA de neandertais e denisovanos, revelando várias surpresas sobre a evolução humana. Por exemplo, as mudanças no FOXP2, ligadas à função cerebral, antecedem a separação de humanos arcaicos. Nós diferimos dos humanos arcaicos por 32 mil mudanças em uma única letra, e um estudo de 2013 conduzido por Pääbo e David Reich ligou algumas das proteínas envolvidas no desenvolvimento inicial do córtex cerebral.

Variação moderna À medida que os humanos se espalham pelo mundo, as populações se adaptam a seus ambientes locais, criando a diversidade que vemos hoje. Portanto, podemos esperar que pessoas do mesmo continente sejam geneticamente semelhantes, mas esse não é o caso. Em 2010, o Projeto 1.000 Genomas comparou os genomas de 185 indivíduos de duas populações africanas com 184 da Europa e da China. Embora isso tenha revelado quase 39 milhões de posições nas quais o DNA variou, nem um único era comum a todos os africanos ou a todos os eurasianos.

A diferença genética em populações com características amplamente semelhantes pode acontecer porque tais características não estão relacionadas a uma variante genética específica, mas à interação *entre* variantes. Consideremos a altura, por exemplo. Nas plantas de ervilha de Mendel (ver capítulo 7), a altura é determinada por duas variantes em um gene, mas a altura humana é influenciada por pelo menos 180 posições no DNA. Em 2012, o projeto de Investigação Genética de Traços Antropométricos (GIANT, na sigla em inglês) descobriu que 85 das 139 variantes de aumento de altura são mais comuns entre os norte-europeus do que entre os sul-europeus.

A família dos grandes primatas

Árvore evolutiva mostrando relações entre grandes primatas. Os ramos incluem membros vivos da família cujos genomas foram lidos, além de duas espécies humanas arcaicas extintas – neandertais e denisovanos –, cujo DNA também foi sequenciado. Os números são datas aproximadas de especiação em milhões de anos atrás (MAA).

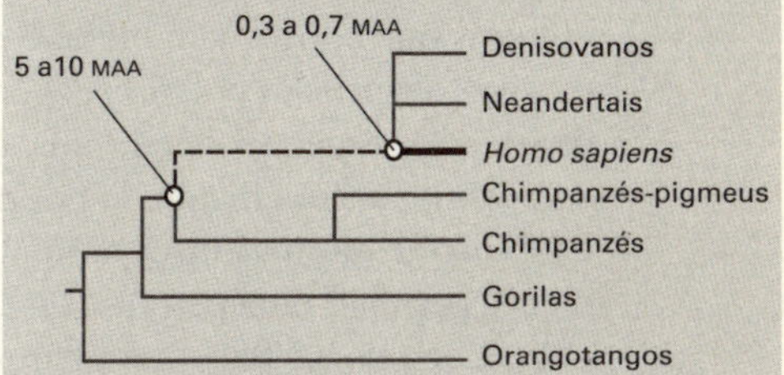

Adaptações resultam da seleção natural. Para muitas características, como o aumento da altura, talvez nunca saibamos se foram moldadas pelo ambiente ou pela escolha do parceiro. Outras características são óbvias. Por exemplo, as causas de uma variante do gene G6PD ser encontrada em um quinto das pessoas onde a malária é prevalente, é que ela confere 50% de imunidade à infecção parasitária. Depois, há a cor da pele: uma variante do gene SLC24A5 está ligada à pigmentação mais clara e é comum na Europa. Como todas essas variantes se combinam para criar um ser humano único? Essa é uma questão que os geneticistas esperam responder na próxima década.

A ideia condensada: Os segredos da humanidade estão em nosso genoma

41 Polinização

As plantas floríferas – angiospermas – dominam a vegetação terrestre do mundo, criando todos os hábitats, desde pastagens temperadas a florestas tropicais. A maioria das espécies de angiospermas explora animais para dispersar seu pólen, uma estratégia reprodutiva que se tornou vital para as plantas e essencial para a agricultura humana.

As plantas floríferas fornecem a maior parte da nutrição da humanidade. As culturas que constituem metade de nossa dieta – cereais como arroz, milho e trigo – dispersam pólen via água ou vento (polinização abiótica), mas três quartos das espécies de culturas, as que fornecem a maioria de nossas frutas e vegetais, se beneficiam da polinização por abelhas e borboletas, morcegos e pássaros e muitos outros animais. Esse relacionamento estreito é incrivelmente popular: uma pesquisa de 2011 feita pelo ecologista Jeff Ollerton descobriu que quase 88% das plantas floríferas – mais de 300 mil espécies de angiospermas – se reproduzem via polinizadores.

Teoria da flor Quando se pensa nessa questão, chega-se à conclusão de que a polinização biótica é bem pervertida: um reino da vida usa organismos de um outro reino para ajudar durante o sexo. A ideia de que as plantas fazem sexo já foi considerada escandalosa, concebida depois de observações feitas por uma série de botânicos alemães, como Rudolf Jakob Camerarius, que, em 1694, descreveu as partes reprodutivas masculinas e femininas da flor. Na década de 1760, Joseph Gottlieb Kölreuter descreveu o pólen e transferiu grãos entre plantas para criar híbridos, sugerindo um potencial papel dos insetos na fertilização cruzada.

Christian Konrad Sprengel transformou a biologia da polinização em uma ciência quando, em 1793, publicou o livro *Das Entdeckte Geheimnis der Natur im Bau und in der Befruchtung der Blumen* [O segredo descoberto da natureza na formação e na fertilização das flores]. Ao estudar mais de 460 espécies, ele desenvolveu a ideia de que as caraterísticas florais parecem projetadas para

linha do tempo

1694	Anos 1760	1793
Órgãos reprodutivos de plantas floríferas são descritos pela primeira vez por Camerarius	Kölreuter realiza experimentos de melhoramento e aponta a importância dos insetos	A teoria das flores de Sprengel estabelece o campo da biologia da polinização

atrair insetos. Antes de Sprengel, a maioria dos botânicos acreditava que os animais visitavam flores por acaso, então, coisas como o néctar eram, de alguma forma, úteis para as plantas. Entre muitas propostas, Sprengel afirmou que guias de néctar – padrões de cores em pétalas – direcionam os insetos para a recompensa doce, através de um pincel com grãos de pólen pegajosos. Sprengel também observou que as flores enganam os insetos, por isso as plantas são titereiros, e os animais, suas marionetes. O trabalho de Sprengel tornou-se amplamente conhecido por meio de Darwin, cujo livro de 1862, *Fertilization of Orchids* [A fertilização das orquídeas], se concentra em uma família que compõe um décimo das angiospermas. Desde então, os cientistas revelaram que as flores fornecem aos polinizadores uma variedade de nutrientes; junto com os carboidratos do néctar, o pólen é uma fonte de proteína, por exemplo. Sabemos agora que alguns relacionamentos são exclusivos, como entre plantas de iúca e mariposas-da-iúca, mas muitas plantas são muito mais promíscuas, usando uma variedade de animais para dispersar o pólen.

“O fato de [as abelhas] e outros insetos, enquanto buscam sua comida nas flores, ao mesmo tempo as fertilizarem... parece-me ser um dos arranjos mais admiráveis da natureza.”

Christian Konrad Sprengel

Vida de planta Embora o sexo entre animais envolva encontros diretos entre genitores ou gametas (espermatozoide ou óvulo), a reprodução em plantas terrestres é um assunto mais complicado. Seu ciclo de vida consiste em gerações alternadas: um gametófito que produz gametas carregando um único conjunto haploide de genes e uma geração esporófita que produz esporos com um genoma diploide. Plantas antigas, como samambaias e musgos, espalham todos os esporos, mas as angiospermas apenas dispersam o pólen – o micrósporo masculino –, enquanto os megásporos femininos – óvulos – crescem a partir de gametófitos que são alojados e alimentados pelos esporófitos paternos. A fertilização ocorre depois que o pólen pousa na parte feminina de um esporófito, levando à formação de sementes. As plantas de semente são ou angiospermas (do grego: “vasos de sementes”), ou gimnospermas (do grego: “sementes nuas”). Nas angiospermas, as partes ao redor do óvulo se tornam frutos, um delicioso recipiente que encoraja os animais a dispersar as sementes, jogando fora o grande núcleo ou permitindo que pequenas sementes passem pelo intestino e sejam eliminadas depois. As gimnospermas in-

1873
De Saporta propõe que a coevolução com insetos causou a radiação das angiospermas

2000
Arabidopsis thaliana torna-se a primeira planta a ter a sequência genômica analisada

2009
Crepet e Niklas mostram que a diversidade de angiospermas não é devida a uma radiação repentina

Fertilização de flores

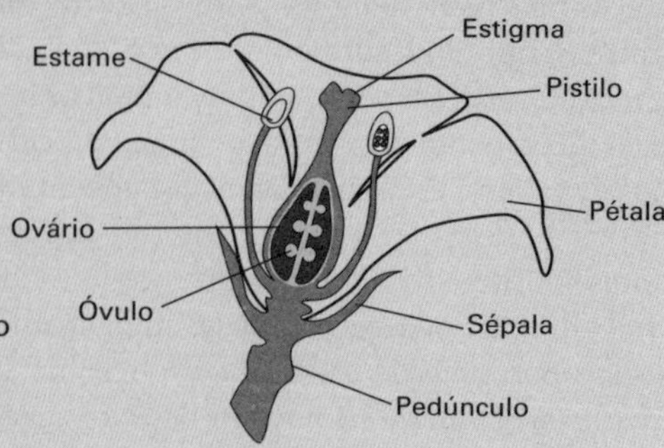

A polinização deposita grãos de pólen masculinos em um pistilo fêmea. As flores são muitas vezes hermafroditas, mas muitas plantas preferem a reprodução sexual por meio da fertilização cruzada por um indivíduo diferente. A germinação do pólen é desencadeada por interações moleculares entre o seu revestimento e o estigma do pistilo, levando à hidratação, de modo que um tubo polínico cresce através do estilete em direção ao ovário. Esse tubo fornece vários espermatozoides: um fertiliza o óvulo, enquanto outros fertilizam outras células para que se dividam. O óvulo desenvolve-se em um embrião dentro da semente, enquanto os tecidos circundantes se transformam em frutos.

cluem árvores lenhosas cujas sementes são protegidas por cones (coníferas e cicadáceas), mais os "fósseis vivos", como as gnetófitas, e um grupo que contém uma espécie, a *Ginkgo biloba*. Uma revisão de 2009 dos botânicos evolucionários William Crepet e Karl Niklas mostrou que as gimnospermas compõem 0,3% das espécies de plantas vivas, enquanto as plantas floríferas constituem quase 90%. O ciclo de vida da gimnosperma é muito lento – a polinização para a fertilização leva um ano ou mais e o tempo de geração (de semente em semente) dura séculos. Em contraste, a primeira planta a ter seu genoma completo sequenciado – a *Arabidopsis thaliana*, um membro de flor branca da família da mostarda – tem um ciclo de vida de um a dois meses. Isso ajuda a explicar por que as angiospermas dominam o reino vegetal.

Diversidade de angiosperma Para os amantes de plantas, o evento mais emocionante da história da vida não é a explosão cambriana de animais nem a extinção dos dinossauros, mas a "radiação das angiospermas" – o aumento da diversidade de plantas durante o período Cretáceo. Depois de aparecer no registro fóssil de 130 milhões de anos atrás, as angiospermas foram difundidas e diversificadas há 100 milhões de anos. Sua disseminação parece tão rápida que, em 1879, Darwin a chamou de "mistério abominável". O biólogo William Friedman argumenta que Darwin tratou a rápida taxa de evolução das angiospermas como um caso específico que representava um problema geral para sua teoria, porque ele acreditava que a mudança só poderia ser gradual. Se houvesse saltos repentinos – mutações –, então eles poderiam ser interpretados como criação. Em uma carta de 1881, Darwin esclareceu sua opinião sobre a ascensão das angiospermas, registrando que era "*aparentemente* muito súbita ou abrupta", pois a evidência fóssil nunca está completa.

Distúrbio do colapso das colônias

Em 2006, apicultores norte-americanos começaram a relatar o misterioso desaparecimento de seus insetos: as abelhas-rainhas permaneciam na colmeia, mas a maioria das operárias desaparecia. A culpa pelo distúrbio do colapso das colônias (DCC) tem sido atribuída a tudo, desde ácaros parasitas até a perda de hábitat, mas o principal culpado é uma classe de pesticidas semelhantes à nicotina – os neonicotinoides ou "neônicos" – que é pulverizada nas plantações e acabam nas células das plantas. Em 2012, Dave Goulson descobriu que esses pesticidas fazem as colônias de abelhões crescerem mais devagar e produzirem menos rainhas, enquanto Mickaël Henry rastreou as abelhas usando RFID (identificação por radiofrequência) e descobriu que neônicos (neurotoxinas) interferem na capacidade de retorno à colônia. Então, em 2015, Clint Perry alterou a estrutura etária das colônias e replicou os sintomas do DCC sem produtos químicos, o que parece resolver o mistério do DCC. As abelhas mais velhas normalmente lidam com tarefas de forrageamento, enquanto as jovens realizam tarefas de manutenção, mas, quando os insetos mais velhos não retornam, outros têm de assumir seu lugar. Como as jovens não são boas em encontrar comida, toda a colônia sofre com o estresse da fome. Se as abelhas não aprenderem a forragear antes que as provisões de apoio acabem, uma colônia entra em colapso. O DCC é, portanto, causado pela perda de abelhas experientes, desencadeada por neônicos.

As comparações de Crepet e Niklas não encontraram diferença nas taxas de especiação, extinção ou diversificação entre angiospermas, gimnospermas e samambaias nos últimos 400 milhões de anos, então, por que as angiospermas se tornaram tão diversas? Em um livro de 1873 e em posterior correspondência com Darwin, o paleontólogo francês Gaston de Saporta propôs uma ligação com a evolução de insetos polinizadores e as disposições das flores, o que foi reforçado por Crepet e Niklas, que encontraram fortes correlações entre o número de espécies de angiospermas, características florais e famílias de insetos. Isso não significa que a radiação das plantas tenha impulsionado a diversidade de insetos (ou vice-versa), mas respalda a ideia de coevolução de Saporta. Uma causa potencial é que as plantas podem duplicar seu genoma com poucos efeitos nocivos, permitindo que genes duplicados desenvolvam novas funções. Embora Crepet e Niklas não tenham encontrado nada incomum na taxa de mudanças de espécies, a especiação sustentada permitiu que as plantas floríferas se reinventassem continuamente.

A ideia condensada: Plantas floríferas tiveram êxito ao manipular animais

42 A Rainha Vermelha

Interações ecológicas podem ser positivas, como na polinização, mas há muitas relações antagônicas entre predadores e presas, parasitas e hospedeiros. A hipótese da Rainha Vermelha é um dos conceitos mais influentes na biologia e ajuda a explicar por que o conflito impulsiona a coevolução entre duas espécies.

Em *Alice através do espelho*, a sequência de Lewis Carroll para *Alice no país das maravilhas*, Alice corre para pegar a Rainha Vermelha e descobre que nenhuma delas se moveu. A Rainha explica que em seu país "é preciso correr tudo que você puder para se manter no mesmo lugar". Nos últimos tempos, isso tem sido usado como uma metáfora do porquê de a seleção natural impulsionar a coevolução antagônica: uma espécie deve se adaptar incessantemente em resposta às adaptações de seu adversário.

Extinção constante A hipótese da Rainha Vermelha foi proposta em 1973 pelo biólogo evolucionista norte-americano Leigh Van Valen, um polímata excêntrico que escreveu canções com títulos como "Mexican Jumping Genes" [Gene mexicano saltitante] e "Sex Among the Dinosaurs" [Sexo entre dinossauros]. Depois de estudar vários fósseis, Van Valen descobriu que a taxa de extinção era constante, independentemente da longevidade geológica. Depois que seu artigo "A New Evolutionary Law" [Uma nova lei evolutiva] foi rejeitado por periódicos acadêmicos, ele acabou lançando um periódico próprio, o *Evolutionary Theory* [Teoria evolucionária]. Ele também fundou o *Journal of Insignificant Research* [Revista da pesquisa insignificante].

Van Valen usou a hipótese da Rainha Vermelha para explicar sua "lei de extinção constante" – as espécies devem continuar se adaptando independentemente de sua idade – e sugeriu que o conflito entre as espécies cria um

linha do tempo

1871
A corrida da Rainha Vermelha aparece em *Alice através do espelho*, de Lewis Carroll

1973
A hipótese da Rainha Vermelha de Van Valen para a evolução é impulsionada por conflitos bióticos

1979
Jaenike e Hamilton sugerem que o conflito parasita-hospedeiro explica a evolução do sexo

ambiente em constante mudança que impulsiona a evolução pela seleção natural. Van Valen chamou isso de jogo de soma zero: não há vencedores, apenas perdedores que foram extintos. Sua metáfora tem sido usada desde então para explicar vários fenômenos, com destaque para o sexo, como argumentado pelos biólogos evolucionistas John Jaenike e W. D. Hamilton. O conceito original envolveu membros de duas espécies, mas a Rainha Vermelha também pode se aplicar ao conflito entre pais e filhos, a batalha dos sexos e elementos genéticos egoístas.

“Cada espécie faz parte de um jogo de soma zero contra outras espécies. Além disso, nenhuma espécie pode vencer e novos adversários substituem os perdedores com dentes arreganhados.”

Leigh Van Valen

A Rainha Vermelha cria inimigos naturais. Em última análise, os conflitos são uma luta pelos recursos de um ecossistema, sobretudo alimentos, levando a interações antagônicas entre um “explorador” que rouba recursos de uma “vítima”. Esses relacionamentos entre explorador e vítima incluem todas as interações parasita-hospedeiro, predador-presa e herbívoro-vegetal. No entanto, o conflito direto entre plantas e herbívoros não é claro, uma vez que há mais de dois antagonistas: os vegetais são comidos por várias espécies. Enquanto isso, os parasitas frequentemente se adaptam a um único hospedeiro. As ligações entre as armas de um parasita e as defesas de um hospedeiro – vistas em suas características físicas e variantes genéticas – são visíveis como uma corrida armamentista.

Corridas armamentistas evolucionárias As relações entre parasita e hospedeiro são casos claros da Rainha Vermelha em ação, como mostram os humanos e o *Mycobacterium tuberculosis*, o patógeno causador da tuberculose. Em 2014, microbiologistas sequenciaram 259 genomas para reconstruir a história evolutiva da bactéria e descobriram que ela surgiu 70 mil anos atrás, depois que os humanos migraram da África. Tornou-se geneticamente diversa à medida que a densidade populacional aumentou durante a Idade da Pedra tardia. Em 2005, uma comparação com o DNA de chimpanzés mostrou que o gene da granulisina – um antibiótico que ataca a tuberculose – está evoluindo rapidamente em humanos, o que sugere uma corrida armamentista.

1978-80
Dawkins e Krebs explicam a relação presa-predador como princípio da vida-jantar

1987
Vermeij propõe a hipótese da escalada para explicar adaptações no registro fóssil

1999
A hipótese do bobo da corte de Barnosky enfatiza o papel do ambiente físico

As armas que roubamos de outras espécies, como a penicilina do mofo (descoberta por Alexander Fleming em 1928), ajudam a combater parasitas, mas nossos inimigos também correm com a Rainha Vermelha, criando resistência antimicrobiana a drogas e superbactérias como a MRSA.

Flutuações genéticas

Os conflitos da Rainha Vermelha podem levar a mudanças na frequência das combinações de genes – genótipos – transmitidos por hospedeiros e parasitas. Os hospedeiros com um genótipo raro (resultando, digamos, em proteínas da superfície celular que um vírus não reconhece) são menos vulneráveis à infecção por parasitas e, por isso, têm maior probabilidade de sobreviver e transmitir seus genes para a geração seguinte. O genótipo agora comum torna-se vulnerável depois que os parasitas se adaptam para reconhecê-lo, e outro genótipo raro é favorecido pela seleção natural. Essa "seleção dependente de frequência negativa" se repete continuamente ao longo do tempo.

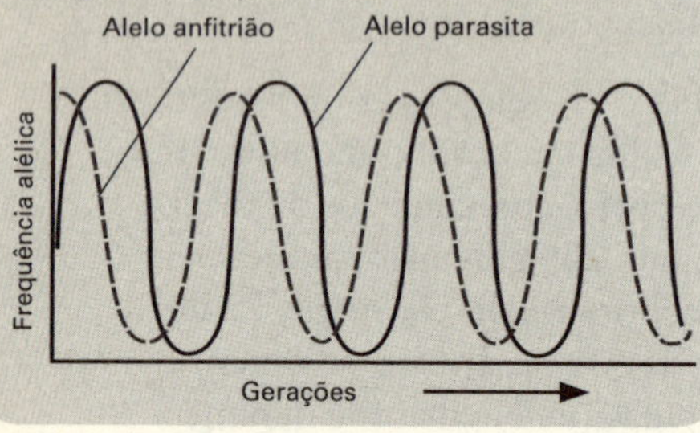

As relações entre presa e predador são corridas armamentistas, mas o conflito é muitas vezes obscurecido porque a seleção natural aplica forças desiguais sobre cada competidor. Como explicaram os biólogos britânicos Richard Dawkins e John Krebs em 1979: "O coelho corre mais rápido que a raposa porque ele está correndo por sua vida, enquanto a raposa está apenas correndo pelo jantar". Esse "princípio vida-jantar" mostra a penalidade do fracasso e por que é improvável que as mutações que causam a perda de coelhos se espalhem por um *pool* genético: "Nenhum coelho jamais se reproduziu depois de perder uma corrida de uma raposa. As raposas, que muitas vezes não conseguem pegar presas, acabam morrendo de fome, mas podem conseguir reproduzir-se antes".

A seleção influencia a evolução dos inimigos naturais de três maneiras principais. Primeiro, uma corrida armamentista pode aumentar, às vezes levando a armas e defesas exageradas, como o longo focinho de besouros e as frutas grossas das plantas da *Camellia*. Essa coevolução da "Rainha Vermelha em escalada" deixa sua marca no registro fóssil, o que o paleontólogo holandês Geerat Vermeij chama de hipótese da escalada. O segundo cenário de corrida armamentista, "perseguir a Rainha Vermelha", ocorre quando uma espécie vítima está sob fortes pressões de seleção natural para desenvolver novos recursos que forçam um explorador a acompanhar. Terceiro, os efeitos da "Rainha Vermelha flutuante" acontecem quando a frequência das combinações de genes – tanto em exploradores como em vítimas – aumenta e diminui repetidamente ao longo do tempo.

Um fim à guerra Depois de dizer à Alice "é preciso correr tudo que você puder para se manter no mesmo lugar", a Rainha Vermelha acrescenta:

"Se quiser ir a outro lugar, deve correr pelo menos duas vezes mais rápido que isso!". Então, como os organismos escapam do conflito? A migração de presas pode forçar um predador a encontrar carne fresca, por exemplo, ou os hospedeiros podem desenvolver imunidade total contra um parasita. Mas, se os exploradores matam muitas vítimas, isso pode levar à extinção mútua, de modo que os níveis de virulência ou predação são importantes no resultado dos conflitos. As lutas também podem ser tréguas temporárias em vez de paz permanente, como entre nós e algumas bactérias na microbiota humana.

A Rainha Vermelha pode explicar o conflito entre dois antagonistas, mas as múltiplas interações em uma comunidade ou ecossistema são muito mais complexas. Em 1999, o paleobiólogo Anthony Barnosky sugeriu que a extinção e a especiação raramente ocorrem, exceto em resposta a mudanças ambientais. Jogando com o tema realeza e a imprevisibilidade da natureza, ele chamou a hipótese de bobo da corte. No entanto, as duas hipóteses não são mutuamente exclusivas, pois a seleção natural é causada por forças bióticas e abióticas.

Microbiota humana

Em 2012, cientistas do Projeto Microbioma Humano revelaram a verdadeira biodiversidade que vive em um relacionamento íntimo conosco. Usando sequenciamento de DNA, pesquisadores mostraram que a microbiota coloniza o ecossistema humano para explorar nossos recursos energéticos e, sobretudo, os carboidratos que produzimos. Por exemplo, milhares de espécies estão no intestino, e as células bacterianas superam as células humanas em ordem de grandeza. As interações ecológicas entre nós e elas variam de acordo com as espécies, mas a maioria dos microrganismos é, provavelmente, "comensal", ou seja, beneficia-se de nossos recursos sem causar danos. Alguns serão parasitas que afetam a saúde, outros "mutualistas": nós lhes damos um lar; eles nos protegem contra invasores patogênicos. Note que, embora rotulemos nossa microbiota com nomes como "bactérias amigáveis", algumas são inimigos em potencial. Com base nas interações entre exploradores e vítimas da Rainha Vermelha, os exploradores podem ser parasitas "obrigatórios" prejudiciais em consequência de seu ciclo de vida ou parasitas "facultativos" que se aproveitam quando uma oportunidade se apresenta, como quando a imunidade é comprometida.

A ideia condensada: Coevolução impulsionada pelo conflito

43 Ecossistemas

De lagos e desertos a florestas tropicais e recifes, cada hábitat inclui uma rede de interações que permite que a energia e a biomassa fluam pelo meio ambiente. Esses ecossistemas contêm recursos limitados, criando competição tanto dentro das populações como entre comunidades – uma importante força motriz para a seleção natural.

Perto do fim de *A origem das espécies*, Charles Darwin descreve a vida como um "banco entrelaçado" onde os organismos são "dependentes uns dos outros de maneira muito complexa". Em 1927, o zoólogo Charles Elton expandiu a ideia de interações complexas em seu livro *Animal Ecology* [Ecologia animal], dizendo que cada espécie tem seu próprio "nicho" – "seu lugar no meio biótico, suas relações com comida e inimigos". No entanto, como o ecologista britânico Arthur Tansley apontou em 1935, o ambiente também inclui partes inorgânicas. Ele propôs que fatores biológicos e físicos interagem dentro dos ecossistemas: "unidades básicas da natureza na face da Terra".

Ecossistemas são campos de batalha em uma guerra em que se disputam nichos e na qual a vida está lutando por energia. A principal fonte de energia da Terra é a luz solar, convertida em biomassa pela fotossíntese em algas verdes e plantas terrestres. Esses "produtores" retêm energia nas ligações das moléculas de carboidratos, enquanto os "consumidores" liberam energia dos carboidratos por meio da respiração, devolvendo carbono e outros elementos à biosfera. A energia é transferida dos produtores para os consumidores (e dos consumidores primários para os consumidores secundários) pelos organismos que comem uns aos outros.

Teias alimentares O topo da cadeia alimentar é, na verdade, a ponta de uma pirâmide. Em 1942, o ecologista norte-americano Raymond Lindeman agrupou todas as espécies nas mesmas posições de uma cadeia alimentar em níveis de "pirâmides tróficas" (do grego "nutrição"). Os autótrofos

linha do tempo

1859
Interações entre espécies são descritas por Darwin como um "banco entrelaçado"

1927
Conceitos de "nicho ecológico" e "teia alimentar" são criados por Elton

1935
Conceito de ecossistema com partes biológicas e físicas é proposto por Tansley

Interações ecológicas

Teia alimentar ou pirâmide para a transferência de energia/biomassa. Os dois principais níveis tróficos (de nutrição) são consumidores e a base consiste em produtores (a fundação dos decompositores não é mostrada). As teias alimentares incluem várias cadeias alimentares – nós para "espécies" e elos para quem se alimenta de quem. Interações fortes (linhas grossas) poderiam representar uma relação predatória exclusiva.

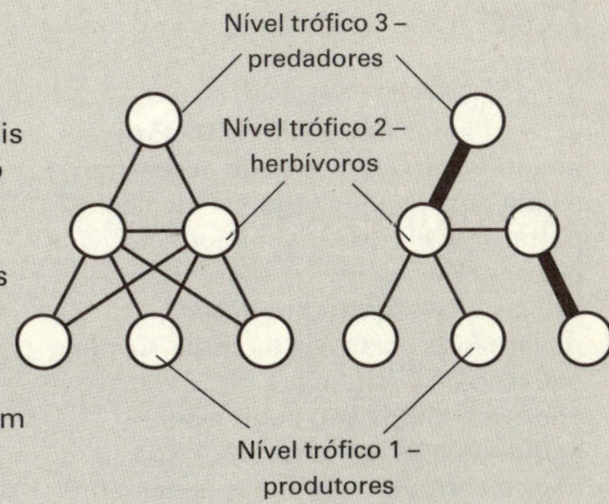

fabricam sua própria comida na base, os heterótrofos comem outros e os saprótrofos, como bactérias e fungos do solo, decompõem a matéria orgânica nas fundações invisíveis da pirâmide. A energia é perdida através do calor e dos dejetos durante a transferência; portanto, a eficiência trófica média é de apenas 10%. Isso explica por que os ecossistemas contêm muitas plantas, mas poucos predadores, e por que as cadeias alimentares são curtas, geralmente com quatro a cinco espécies.

As cadeias alimentares foram conectadas pela primeira vez em uma teia por Charles Elton em 1927. As teias alimentares representam o banco emaranhado de Darwin e agora são construídas com modelos matemáticos para ajudar a responder a perguntas sobre as interações complexas de um ecossistema. Por exemplo, como espécies invasoras causam extinções? Quais são os impactos da destruição do hábitat e das mudanças climáticas antropogênicas?

Diversidade e estabilidade Por que devemos salvar espécies? Os ambientalistas supõem que "quanto mais, melhor". Com base nas observações da natureza, Elton afirmou que as comunidades simples são mais facilmente perturbadas do que as comunidades mais ricas. Um exemplo é a terra cultivada, onde os humanos reduzem a biodiversidade, tornando-a mais vulnerável a espécies invasoras. Em 1955, o ecologista Robert MacArthur

1942
Lindeman usa pirâmides tróficas para representar o fluxo de energia entre organismos

1973
Os modelos matemáticos de May sugerem que as redes alimentares naturais não são aleatórias

1999
Shigeo Yachi e Michel Loreau esboçam a hipótese do seguro sobre como a diversidade de espécies traz estabilidade ao ecossistema

Fluxo de energia

Ao contrário dos hábitats, os ecossistemas não são localizações geográficas. O conceito de ecossistema é uma analogia: os organismos são as partes móveis de uma máquina movida por energia. Assim, os ecossistemas são sistemas termodinâmicos governados pelas leis da física. Como a equação de Einstein $E = mc^2$ mostra que energia e massa são equivalentes, enquanto a lei de conservação de massa afirma que "a matéria não pode ser criada ou destruída", os ecologistas podem estudar o fluxo de energia ou biomassa como se fossem a mesma coisa. A transferência de energia ocorre quando os organismos se alimentam uns dos outros, o que também fornece todos os elementos químicos que formam o corpo, principalmente carbono, hidrogênio, oxigênio, nitrogênio, cálcio e fósforo. À medida que os seres vivos constroem e quebram as biomoléculas, esses elementos passam por um ecossistema e, em última análise, pela biosfera. No entanto, as partes móveis de um ecossistema atravessam fronteiras: aves migram no verão, peixes crescem em um recife de coral antes de nadar para o mar. Assim, um ecossistema não é um sistema termodinâmico fechado, verdadeiro, mas é tratado como um para se estudar suas interações complexas.

argumentou que as populações são menos suscetíveis a quedas em predadores ou presas se houver múltiplos relacionamentos entre predadores e presas.

Em 1973, no entanto, o ecologista teórico australiano Robert May desafiou esses argumentos intuitivos ao construir teias alimentares com modelos matemáticos nos quais a força das integrações entre as espécies era atribuída aleatoriamente (um elo forte poderia representar predadores que só comem um tipo de presa). Os sistemas de May eram *menos* estáveis quando continham mais conexões, o que implica que a estabilidade é determinada por interações específicas na natureza.

Os ecologistas de campo adotaram uma abordagem diferente. Em 1982, David Tilman iniciou um estudo de onze anos de estabilidade em um único nível trófico, a biomassa produzida por plantas em uma área de pastagem de Minnesota, EUA. Seus resultados mostraram que a diversidade ajuda a manter a pirâmide alimentar, pelo menos em sua base. Testes de campo em múltiplos níveis tróficos são cruelmente complexos, mas estudos em pequena escala sobre microcosmos de bactérias e protistas também sugerem que a diversidade proporciona estabilidade.

Existe apenas um problema. Bem, dois: os ecologistas não estão de acordo sobre as definições de diversidade ou estabilidade. Espécies diferentes são frequentemente combinadas em um "grupo funcional" para simplificar a teia de interações, e a estabilidade tem múltiplos significados. Um ecossistema pode ter "resistência" a alterações, apesar das mudanças nas condições ambientais, e pode ter "resiliência" às flutuações, retornando ao normal após ser perturbado. Um sistema estável também não é estático. Alguns lagos se movem entre dois estados – cristalinos ou cobertos de escuma – refletindo uma batalha entre diferentes algas. A ideia de um "equilíbrio da natureza" simplesmente não é científica.

Interações e seguro O argumento de Elton para teias alimentares complexas e os modelos de May que mostram que a complexidade é instável podem ser conciliados pela maneira como as espécies interagem. Em 1992, o ecologista canadense Peter Yodzis compilou dados de relações reais de alimentação e teia para construir modelos com interações plausíveis, e eles revelaram que a força das interações é a chave para a estabilidade. Interações fortes, como um predador alimentando-se exclusivamente de um tipo de presa, poderiam levar ao consumo descontrolado, de modo que ecossistemas estáveis precisam de inúmeras interações fracas, como os onívoros.

"Embora os organismos possam reivindicar nosso interesse primário... não podemos separá-los de seu ambiente especial, com o qual eles formam um sistema físico."

Arthur Tansley

Além disso, enquanto alguns organismos são essenciais para um ecossistema, outros podem não ser. Em 1999, os ecologistas teóricos Shigeo Yachi e Michel Loreau delinearam uma "hipótese de seguro": uma maior diversidade aumenta as chances de que pelo menos algumas espécies respondam à mudança ambiental e aumenta a chance de um grupo funcional conter uma espécie capaz de substituir uma espécie importante (a chamada redundância). No entanto, é difícil prever quais são essenciais para um ecossistema e quais são mais facilmente substituídas, então a abordagem mais segura é assumir que cada espécie é sagrada. Ideias éticas como uma obrigação moral de preservar as espécies podem não convencer os governos, mas o melhor argumento para proteger os ecossistemas é prático: eles também são nossos sistemas de apoio à vida.

A ideia condensada: Teias alimentares estáveis têm interações fracas e espécies diversas

44 Seleção natural

A teoria da evolução por seleção natural explica como tudo, de aves a bactérias, se adapta ao seu ambiente e, em última análise, ajuda a explicar a diversidade biológica. Hoje é frequentemente associada a Charles Darwin, mas poderia facilmente ter sido creditada a Alfred Russel Wallace.

Um ano antes de publicar *A origem das espécies*, Darwin recebeu um pacote pelo correio que continha um ensaio de um jovem naturalista chamado Alfred Russel Wallace e uma carta pedindo sua opinião. Era 18 de junho de 1858 e Darwin estava em casa, em Kent, reunindo evidências para corroborar sua teoria de que uma luta pela sobrevivência leva à evolução. Então ele abriu o pacote de Wallace e leu o ensaio: esboçava quase exatamente a mesma teoria.

Darwin ficou arrasado. Havia dito pouco tempo antes ao botânico Joseph Hooker que não havia pressa para ler o manuscrito de seu "grande livro" sobre espécies; agora, estava escrevendo para o geólogo Charles Lyell, perturbado. Wallace estava no Sudeste Asiático, mas Darwin se recusou a tratá-lo injustamente, dizendo: "Eu preferiria queimar todo o meu livro". Darwin tinha outras coisas com que se preocupar (seu filho estava com escarlatina), de modo que Hooker e Lyell traçaram um plano. Em 1º de julho de 1858, apresentaram dois trabalhos na Sociedade Lineana em Londres: o ensaio de Wallace e um extrato do livro de Darwin. Depois que Hooker e Lyell revelaram suas ações, tanto Darwin como Wallace disseram que ficaram felizes.

A origem de uma teoria Como Darwin e Wallace chegaram a propor a mesma teoria? Uma coisa que eles compartilhavam era a biodiversidade: Darwin passou cinco anos na famosa viagem de volta ao mundo a bordo do *HMS Beagle* estudando geologia e natureza; Wallace ganhava a vida colecionando espécimes – quatro anos na Amazônia e oito anos explorando ilhas do arquipélago Malaio. Outra influência comum foi o *Ensaio sobre o princípio da população*, do reverendo Thomas Malthus, de 1798: ele sugeria que, quando o crescimento populacional é mais rápido do que a produção de alimentos, os

linha do tempo

1798
Malthus sugere que recursos limitados mantêm o crescimento da população sob controle

1809
Lamarck afirma que as espécies evoluem à medida que os indivíduos se adaptam ao meio ambiente

1831-36
A viagem de Darwin a bordo do *HMS Beagle* inclui uma visita às ilhas Galápagos

Evolução em ação

A seleção natural nem sempre é um processo lento e gradual. Pode ser observada durante uma vida humana, sendo exemplo os tentilhões de Darwin. Em 1973, Peter e Rosemary Grant começaram a rastrear aves em Daphne Major, uma pequena ilha em Galápagos, onde cerca de 150 casais são desafiados por pressões ambientais do El Niño-Oscilação Sul, um fenômeno climático que periodicamente inverte a pressão atmosférica e a temperatura. Depois que uma seca acarretou, em 1977, a escassez de sementes pequenas, apenas as aves com grandes bicos conseguiam abrir as nozes. Menos de 20% das espécies de tentilhões terrestres médios sobreviveram, mas, em 1978, o tamanho médio do bico entre os filhotes ficou 4% maior. Seleção natural em um ano. Outro exemplo de evolução em ação é o experimento de evolução de longo prazo de Richard Lenski. Desde 1998, seu laboratório tem criado doze populações de *E. coli* em cultura. A cada quinhentas gerações (75 dias), algumas bactérias são transferidas para novos frascos, enquanto outras são congeladas como um registro para aquele momento. Em 2008, Lenski e Zachary Blount descobriram que uma população tinha desenvolvido a capacidade de consumir citrato, uma molécula que os microrganismos normalmente não podem usar como fonte de energia. Isso foi revelado mais tarde como sendo o resultado de várias mutações aleatórias. Por volta de 32 mil gerações (quatro anos) depois, a população que come citrato conseguiu crescer e ganhou mais diversidade genética.

números são mantidos sob controle por fatores como fome e doença. Isso inspirou a ideia de competição por recursos ambientais limitados.

Para Wallace, a seleção natural foi um momento "Eureca!", que veio durante um ataque de febre por malária na Indonésia. Para Darwin, foi uma percepção lenta, como ilustram seus pensamentos sobre os pássaros que ele coletou das ilhas Galápagos, na costa oeste da América do Sul. Agora conhecidos como tentilhões de Darwin, os pássaros são de cor escura com bicos ligeiramente diferentes. Eles mal recebem uma menção em *A viagem do Beagle*, de 1839, mas, na edição de 1845, Darwin diz: "Vendo essa gradação e a diversidade de estrutura em um grupo pequeno e intimamente relacionado de pássaros, pode-se realmente imaginar que, a partir de uma original escassez de aves neste arquipélago, uma espécie foi escolhida e modificada para diferentes fins".

A primeira teoria coerente da evolução foi proposta por Jean-Baptiste Lamarck, que afirmou que a "transmutação" de espécies ocorreu depois que os organismos adquiriram características durante sua vida, não por meio da so-

1854-62
Wallace recolhe mais de 125 mil espécimes enquanto explora o arquipélago Malaio

1858
A teoria da evolução por seleção natural é proposta por Darwin e Wallace

Anos 1930
A síntese evolucionária moderna combina a seleção natural com a genética

> **“As objeções agora feitas à teoria de Darwin aplicam-se, unicamente, aos meios específicos pelos quais a mudança de espécie foi produzida, não ao fato dessa mudança existir.”**
>
> **Alfred Russel Wallace**

brevivência de indivíduos já adaptados ao seu ambiente. Além de observações da biodiversidade em ilhas exóticas, Darwin coletou evidências para corroborar sua teoria estudando espécies domesticadas como cães, cavalos e pombos. A expressão “seleção natural” refere-se à “seleção artificial” ou reprodução seletiva. Em 1859, Darwin publicou *A origem das espécies por meio da seleção natural ou a preservação de raças favorecidas na luta pela vida*.

Aptidão, filtros e destino Muitas pessoas entendem a seleção natural como a “sobrevivência do mais apto”. A expressão foi cunhada pelo filósofo Herbert Spencer em 1864, e Wallace é, em parte, culpado por sua popularidade. Ele não gostava de “seleção natural”, pois a frase poderia sugerir um “seletor” consciente, em vez de uma mãe natureza irracional. Depois de alguns incômodos, Darwin substituiu sua frase na quinta edição do livro (1869). Na edição que tinha, Wallace riscou todas as ocorrências de “seleção natural” e as substituiu à mão por “a sobrevivência do mais apto”. A seleção natural foi mais bem resumida por Darwin: “multiplicar, variar, deixar os mais fortes viverem e os mais fracos morrerem”. A última parte diz respeito à sobrevivência, e “multiplicar”, à reprodução, mas como os organismos “variam”? Desde a moderna síntese evolutiva dos anos 1930, quando as leis de herança de Mendel foram combinadas com a seleção natural, os biólogos sabem que a principal fonte de variedade é a mutação, que cria indivíduos com combinações de variantes gênicas. Cada “genótipo” determina um “fenótipo”, os efeitos visíveis que influenciam a aptidão de um organismo – sua capacidade de sobreviver e se reproduzir.

Imagine a seleção como uma sucessão de filtros que influenciam o destino de uma nova mutação no *pool* genético. Se a mutação aumenta a aptidão – como uma variante que protege uma planta contra a seca –, ela passa por cada filtro e se espalha pela população por “seleção positiva”. Boas mutações permitem que uma espécie se adapte e, por isso, também são conhecidas como “seleção darwiniana”. Se a mutação reduzir a aptidão (pior caso: letal), então pode ser interrompida por meio de “seleção negativa”. Mutações ruins são eliminadas da população, então isso é chamado de “seleção purificadora”. Se uma mutação for tanto benéfica quanto prejudicial, pode ser mantida pela “seleção balanceadora”. Um exemplo é a variante do gene que causa o traço falciforme, em que uma cópia protege contra a malária, mas mutações em ambos os cromossomos causam a doença.

Seleção sexual A seleção natural também é classificada pelo que faz a seleção. A “seleção sexual” ocorre por meio da escolha de parceiros, enquanto a "seleção ecológica" é a pressão de qualquer outra parte do ambiente. Darwin viu a seleção sexual como distinta, mas os biólogos modernos a consideram um subconjunto da seleção natural. A seleção sexual é um exemplo em que Wallace e Darwin divergiam: Wallace acreditava que as aves do sexo feminino têm cores esmaecidas para se proteger dos predadores; Darwin acreditava que os machos são coloridos para atrair as fêmeas. Embora os descobridores da seleção natural discordassem de algumas coisas, permaneceram amigos. Como Darwin escreveu em uma carta a Wallace em 1870: "Espero que seja uma satisfação para você pensar – e poucas coisas em minha vida foram mais satisfatórias para mim – que nunca sentimos nenhuma inveja em relação ao outro, embora, em certo sentido, sejamos rivais".

O filtro de seleção

Pressões ambientais, como secas, doenças ou reprodução, criam o filtro da seleção natural. Apenas indivíduos com a capacidade de sobreviver e reproduzir – aptidão – podem avançar e deixar descendentes, que enfrentam outro filtro. Como o ambiente muda constantemente os requisitos para passar pelo filtro, os organismos só são adaptados ao passado ou ao presente e nunca se tornam perfeitos.

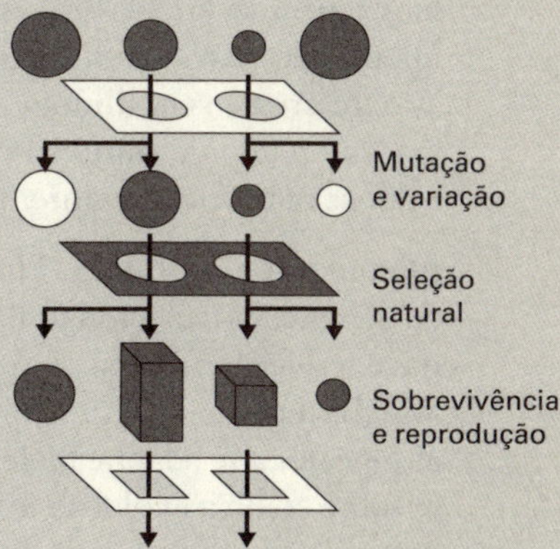

A ideia condensada: Espécies adaptam-se continuamente a um ambiente em constante mudança

45 Deriva genética

A seleção natural impulsiona a evolução, mas não é a única força que faz com que a população mude com o tempo. Quando os indivíduos sobrevivem e se reproduzem por sorte, seu DNA pode se perder ou se espalhar depois de passar pelo *pool* genético.

Enquanto a seleção natural foi descoberta pacificamente por Darwin e Wallace, a teoria da deriva genética surgiu de um conflito entre dois gênios matemáticos: Ronald Fisher e Sewall Wright. Fisher nasceu em Londres e se mostrou uma promessa com números, mas sofria bastante com sua forte miopia, desenvolvendo extraordinária aritmética mental para compensar. Wright cresceu em Illinois, filho um ex-economista e polímata cujo apelido era "Leonardo de Illinois Prairie". O jovem precoce Wright conseguia calcular as raízes cúbicas antes mesmo de entrar na escola.

Juntamente com J. B. S. Haldane, Fisher e Wright estabeleceram o campo da genética populacional, base da "síntese evolutiva moderna", que combinava a seleção natural com as leis de herança de Mendel. Embora Fisher e Wright tenham concordado quanto ao mecanismo principal (a seleção leva as espécies a se adaptar), eles divergiam quanto aos detalhes, principalmente sobre como a evolução inova. Fisher acreditava que isso ocorre mais rapidamente ao se misturar todos os membros de uma população. Wright propôs a teoria do "equilíbrio de mudanças": novas combinações de genes e novos recursos se originam mais rapidamente via migração entre subpopulações parcialmente isoladas. No centro das discordâncias estava o papel do acaso aleatório. Fisher disse que desempenhava um papel pequeno; Wright achou que era importante.

Escolha, acaso e mudança Imagine que a revolta dos robôs finalmente aconteceu e seu mestre é uma máquina que brinca com feijão. Ele coloca dúzias de feijão-vermelho e feijão-branco em uma tigela e lhe dá um momento para escolher dez. Sendo um fã de *chilli* com carne, você pega um punhado principalmente de feijão-vermelho. A máquina explica que, de-

linha do tempo

1930
Fisher inicia a síntese evolutiva

1931
É cunhada a teoria do equilíbrio cambiante de Wright para a novidade evolutiva por meio da deriva genética

1942
Mayr descreve o efeito fundador causado por amostragem aleatória de uma população

pois de cultivar seus grãos, você os colherá para obter uma tigela fresca. Isso se repete em sucessivas gerações: a máquina ocasionalmente adiciona seus próprios feijões como mutações, enquanto você está agindo como uma seleção natural, tentando pegar os vermelhos todas as vezes.

“Calcular a taxa de evolução em termos de substituições de nucleotídeos parece dar um valor tão alto que muitas das mutações envolvidas deveriam ser neutras.”

Motoo Kimura

Mas a máquina fica entediada. Agora, em vez de uma tigela, você deve escolher os grãos de uma sacola, dando 10 combinações possíveis de vermelho e branco. Inicialmente, a proporção média gira em torno de 5:5, mas, ao longo do tempo, a maioria das sacolas contém 6:4, 7:3, 8:2, 9:1, 10:0. O número continua subindo porque, como você começa colhendo vermelhos (ou brancos), as plantas produzirão mais do mesmo. Se colher 100 grãos, haverá uma possibilidade remota de 10 brancos de uma proporção de 9:1, mas 10 vermelhos são estatisticamente mais prováveis. Os feijões representam genes, e as cores são variantes alternativas – “alelos” – que se tornam mais ou menos comuns devido à amostragem aleatória da sacola.

Deriva genética é a flutuação na frequência alélica ao longo do tempo em virtude da amostragem aleatória. Peter Buri ilustrou-a em 1956 ao criar mais de cem populações de drosófilas. Seus insetos carregavam alelos para olhos vermelhos ou brancos, com uma frequência inicial de 0,5% a 50% dos alelos em cada população em vermelho. Criou moscas por dezenove gerações, escolhendo aleatoriamente oito machos e oito fêmeas de cada vez, independentemente da cor dos olhos. No final, um quarto das populações havia perdido o alelo vermelho, outro quarto tinha olhos vermelhos, enquanto metade ainda tinha uma frequência alélica de 0,5.

Teoria neutra Darwin estava ciente de que a evolução não é exclusivamente impulsionada pela seleção. Em A *origem das espécies*, ele diz: “Variações nem úteis nem prejudiciais não seriam afetadas pela seleção natural e seriam deixadas como um elemento flutuante”. Embora ele estivesse falando sobre características físicas, essa é uma descrição assustadoramente precisa da deriva genética. Em genética, variações são os alelos criados por mutação, e o destino de uma nova mutação é determinado por escolha ou

1956
Deriva genética em populações de drosófilas é demonstrada pelo experimento de Buri

1968
Kimura propõe uma teoria neutra da evolução molecular para explicar a taxa de mutação

1973
Ohta desenvolve uma teoria quase neutra de mutações levemente prejudiciais

acaso (seleção ou deriva). Ambas podem causar a perda de uma mutação do *pool* genético ou se propagar até que seja carregada por todos os indivíduos ("fixada" dentro de uma espécie).

O destino de uma mutação é influenciado pela forma como ela afeta a aptidão, a capacidade de um organismo sobreviver ou se reproduzir. Embora muitas vezes digamos que as mutações são boas ou ruins, elas também podem ser neutras. Até a década de 1960, muitos pesquisadores acreditavam que a seleção levaria a maioria das mutações boas por meio de um *pool* genético. Em seguida, a tecnologia de sequenciamento permitiu que os cientistas lessem as letras em proteínas e, mais tarde, no DNA, possibilitando-lhes comparar as mesmas moléculas em diferentes espécies e contar o número de diferenças. Em 1968, o geneticista japonês Motoo Kimura usou esses dados para calcular as substituições de nucleotídeos (substituições de letra única) nos genomas de humanos e drosófilas e encontrou tantas mutações que parecia improvável que todas elas fossem escolhidas, sugerindo que haviam se acumulado por meio da deriva genética aleatória.

Gargalos

Quando o tamanho da população diminui, uma amostra aleatória de indivíduos restantes acarreta menos variação. Uma consequência dessa baixa diversidade genética é menos matéria-prima para a seleção natural – menos chance de indivíduos sortudos com mutações que possam permitir que a população se adapte às mudanças ambientais. Isso pode levar uma espécie ameaçada à extinção. Gargalos também podem levar à especiação por meio do "efeito fundador", proposto pelo biólogo evolucionista Ernst Mayr em 1942. Mayr chamou o trabalho matemático de Fisher, Wright e Haldane de "genética do saco de feijão", então é irônico que o efeito fundador esteja ligado à deriva genética: os indivíduos colonizadores carregam uma pequena amostra de alelos (variantes genéticas) da população original, de modo que alguns alelos podem ser perdidos ou espalhados por acaso. Um exemplo em humanos ocorre entre a população africana: a doença de Huntington. O distúrbio genético do sistema nervoso é normalmente raro, mas incomumente frequente entre os sul-africanos brancos, porque um dos colonos holandeses que se instalou em 1652 teve o azar de carregar o alelo causador da doença. O alelo pode ser ignorado pela seleção natural, pois as pessoas o reproduzem e transmitem antes mesmo de perceberem que o possuem.

A teoria neutra da evolução molecular de Kimura foi refinada em 1973 por Tomoko Ohta, que sugeriu que mesmo mutações levemente prejudiciais – aquelas com pequeno impacto na aptidão – também eram ignoradas pela seleção.

Tamanho da população A exigente máquina de feijão decidiu que você só vai pegar quatro grãos da sacola, dando uma razão vermelha: branca

Frequência alélica flutuante

A deriva genética ocorre quando um alelo (variante do gene) se torna mais ou menos comum em uma população ao longo do tempo devido à amostragem aleatória em cada geração. A partir de uma frequência de 0,5, em que metade dos indivíduos carrega um alelo, ele pode: flutuar em torno de uma frequência média (linha média); ser herdado por todos os membros de uma população (topo); ou sair do *pool* genético (parte inferior).

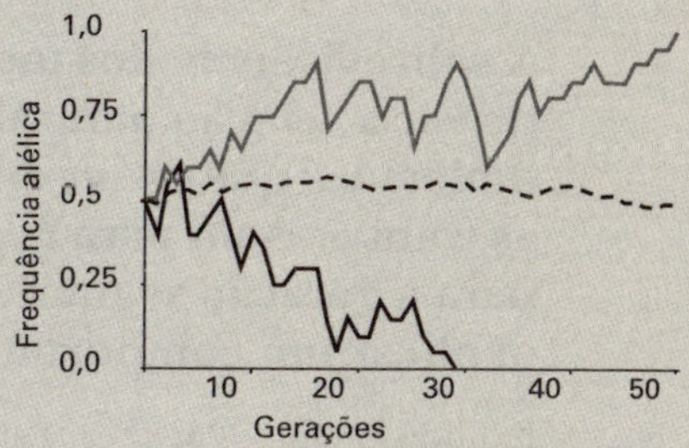

de 0:4, 1:3, 2:2, 3:1 ou 4:0. Por meio da amostragem aleatória, leva menos tempo para se direcionar para uma população toda vermelha ou toda branca. Se a máquina voltar a deixar você escolher grãos de feijão de uma tigela, mas você só conseguir pegar rapidamente quatro em vez de dez, é mais provável que acidentalmente tenha um punhado de feijão-branco. A força da seleção é influenciada pelo tamanho da população. Pequenas populações são mais suscetíveis à amostragem aleatória e à deriva genética, o que pode reduzir a variação genética ao criar um gargalo. A teoria neutra explica o destino de mutações que são "invisíveis" porque têm pouco ou nenhum impacto sobre a forma física, ou porque uma pequena população leva à amostragem aleatória e à deriva genética.

A ideia condensada: Espécies podem evoluir apenas por acaso aleatório

46 O gene egoísta

A sobrevivência dos indivíduos mais aptos é uma maneira de ver a seleção natural; a outra é a perspectiva de genes, moléculas que usam de forma egoísta os organismos que as transportam para replicar e passar de um indivíduo para a geração seguinte. Essa visão da evolução ajuda a explicar um comportamento social abnegado: o altruísmo.

Publicado em 1976, *O gene egoísta*, de Richard Dawkins, reuniu o trabalho de biólogos do século XX que desenvolveram uma "visão da evolução centrada no gene". Isso nos permite pensar na seleção natural como um processo que força as variantes no *pool* genético a afundar ou nadar, comportando-se como se estivessem competindo entre si, de modo que as variantes sobreviventes se reproduzem através dos indivíduos que as carregam. A seleção atua sobre um indivíduo e seus genes ao mesmo tempo, como um carro de corrida e seus componentes. Dawkins, que estudou comportamento animal, decidiu focar seu livro em como a visão centrada no gene explica o altruísmo.

Por que ajudamos os outros? Por que um organismo deveria ajudar outro? Os comportamentos sociais ocorrem em quatro categorias com base em custos e benefícios para um ator (indivíduo que realiza um ato) e para o destinatário: o benefício mútuo ajuda ambas as partes, o despeito prejudica os dois, o egoísmo beneficia o ator e o altruísmo é dispendioso. Os altruístas gastarão recursos, desde tempo e comida, até o último custo: o autossacrifício. A bondade e a caridade envolvem uma preocupação com o bem-estar de outras pessoas, mas explicações delicadas não se aplicam a animais irracionais.

Seleção de grupo A seleção natural é "a sobrevivência do mais apto", mas qual mais apto? Genes? Indivíduos? Grupos? Os cientistas supunham no passado que a natureza poderia eliminar entidades impróprias em qualquer nível, de modo que o altruísmo pode ser explicado pelos organismos que agem "para o bem do grupo" ou "em benefício da espécie". Por exemplo, o zoólogo V. C. Wynne-Edwards afirmou, em 1962, que os indivíduos

linha do tempo

1859	Anos 1930 e 1940	Anos 1960
Darwin sugere que o altruísmo em relação à família pode explicar os insetos sociais	Geneticistas populacionais mostram como a evolução afeta variantes no *pool* genético	Biólogos evolucionistas alegam que a seleção de grupos não explica o altruísmo

Adoção

A adoção, ou seja, cuidar da prole de outro genitor como sua, foi relatada em mais de sessenta espécies de mamíferos. Como exemplo de altruísmo, ele pode ser usado para testar a teoria da aptidão inclusiva de Hamilton, que prevê que as mães substitutas terão maior probabilidade de adotar órfãos intimamente relacionados. Porém, os resultados da natureza não são claros, já que é difícil calcular o custo de adaptação para os adotantes que vivem em grupos, pois o comportamento altruísta pode trazer benefícios não relacionados à aptidão inclusiva, como fortalecer relações sociais. Uma maneira de contornar isso é estudar espécies "associais" solitárias, como esquilos-vermelhos. Em 2010, o ecologista canadense Jamie Gorell e seus colegas pesquisaram dezenove anos de dados em um local com 2.230 ninhadas de esquilos e descobriram que órfãos sem parentes próximos nunca foram adotados. Os pesquisadores identificaram apenas cinco adoções e, com base em árvores genealógicas conhecidas e testes genéticos, mostraram que os órfãos sempre tinham ao menos 12,5% de relacionamento com os pais substitutos – o equivalente a serem primos em primeiro grau. A regra de Hamilton pode, portanto, explicar o altruísmo ocasional entre animais que não sejam naturalmente sociais.

deliberadamente limitam sua taxa de natalidade para minimizar o ônus de uma população. Em todo o meado do século XX, porém, biólogos evolucionários como George Williams contestaram a seleção de grupo ingênua. Um problema é que um grupo de altruístas é vulnerável à invasão de trapaceiros que colhem os benefícios da cooperação sem os custos e, portanto, economizam recursos. Os três pais da genética populacional – Ronald Fisher, Sewall Wright e J. B. S. Haldane – trouxeram argumentos semelhantes com os *pools* genéticos. O altruísmo precisava de uma teoria melhor.

Seleção por parentesco Por que nos importamos com nossos filhos? Gasta-se tempo e dinheiro para roupas, educação, mas as pessoas dizem que a maternidade e a paternidade são recompensadoras. Então, quais são os benefícios? Darwin sugeriu a explicação em *A origem das espécies*, depois de notar a exceção à necessidade de se reproduzir para a seleção natural: insetos, como abelhas e cupins, podem formar sociedades que incluem operários estéreis. Darwin disse que essa "dificuldade" desaparece, lembrando que "a seleção pode ser aplicada à família, bem como ao indivíduo". Em 1964, o biólogo John Maynard batizou isso de "seleção por parentesco".

1964
A regra de aptidão inclusiva de Hamilton revela condições para o altruísmo

1970
Price apresenta uma equação para estudar vários efeitos da seleção natural

1976
O gene egoísta, de Dawkins, populariza a visão da evolução centrada no gene

Quando questionado se arriscaria a vida para salvar um irmão que estivesse se afogando, J. B. S. Haldane disse certa vez: "Não, mas eu me arriscaria para salvar dois irmãos ou oito primos". Em 1955, ele explicou esse nepotismo em termos de um gene hipotético que influencia o comportamento de pular em um rio. Baseado no sortimento aleatório de genes quando os pais passam os cromossomos para os filhos, você compartilha 50% do DNA com os irmãos, enquanto os primos são 12,5% relacionados (portanto, oito dão 100%). A seleção de parentesco explica por que "o sangue é mais denso que a água".

"Somos máquinas de sobrevivência – veículos robóticos programados cegamente para preservar as moléculas egoístas conhecidas como genes."

Richard Dawkins

Aptidão inclusiva O altruísmo é um problema desconcertante em termos de seleção natural, porque o custo reduz a aptidão de um indivíduo para sobreviver e se reproduzir; a seleção deve favorecer apenas o altruísmo se aumentar a aptidão individual. O biólogo evolucionário britânico W. D. Hamilton percebeu isso e nomeou o benefício de "aptidão inclusiva", uma quantidade que depende da relação. Os modelos de Hamilton essencialmente perguntavam: Quando os benefícios para um parente superam os custos para mim? Os modelos podem ser simplificados para uma equação agora chamada regra de Hamilton: rb>c, onde "c" é custo para a aptidão inclusiva de um ator, "b" é benefício e "r" é um parentesco com um receptor (os mesmos genes). Como o relacionamento é multiplicado por benefícios (r × b), o altruísmo é mais provável quando o ator e o destinatário são parentes próximos.

Hamilton testou a aptidão inclusiva na "dificuldade" de Darwin: os insetos eussociais (verdadeiramente sociais). O trabalho geralmente é dividido em uma rainha que bota ovos, além de centenas, milhares ou milhões de operários estéreis, cada um fazendo trabalhos como procurar comida e criar jovens. Os seres humanos são "diploides", com dois conjuntos de genes, enquanto os insetos sociais geralmente são "haplodiploides", porque a rainha manipula a fertilização para que as irmãs fiquem 75% relacionadas. Hamilton descobriu que a aptidão inclusiva poderia explicar a eussocialidade dos insetos, mas suas equações tinham falhas. Em 1970, o problemático gênio George Price forneceu uma nova fórmula para explicar vários fenômenos naturais – a equação de Price – que ajudou Hamilton a refinar seu trabalho.

A seleção por parentesco aumenta a aptidão inclusiva, permitindo que um indivíduo influencie se seus genes serão passados para a geração seguinte, direcionando o altruísmo a parentes com os mesmos genes. Como realmente funciona? Hamilton originalmente propôs dois caminhos. A dispersão limitada ocorre quando os indivíduos vivem na mesma área, de modo que o comportamento altruísta pode evoluir porque os indivíduos esperam que o

Parentesco em humanos e formigas

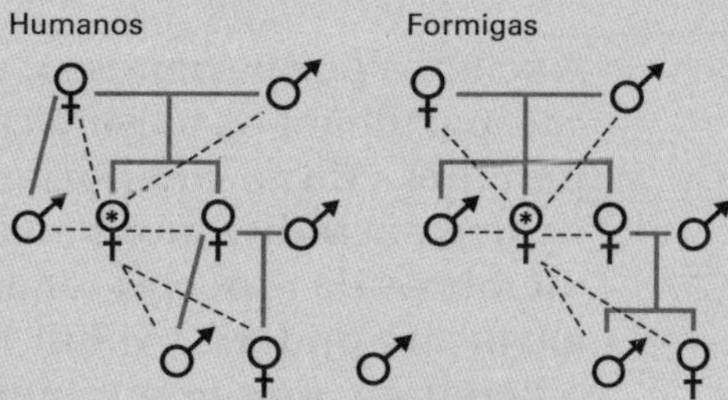

Árvores genealógicas de similaridade genética entre uma fêmea (com asterisco) e seus parentes próximos. Nos seres humanos (à esquerda), cada indivíduo é "diploide" e herda dois conjuntos de genes, um de cada genitor, e o sexo é determinado pelos cromossomos X e Y. Uma fêmea é 50% semelhante a um genitor ou irmão e é aparentada com um sobrinho/sobrinha em 25%. Insetos sociais como formigas (à direita) são frequentemente "haplodiploides", e o sexo é determinado pelo fato de os óvulos usarem os cromossomos do espermatozoide de um pai: os óvulos fertilizados são diploides e viram fêmeas; óvulos não fertilizados têm um único conjunto de genes e se tornam machos "haploides". Uma fêmea é 75% parecida com suas irmãs, mas é aparentada com os irmãos em apenas 25%.

outro esteja relacionado. O outro caminho – a discriminação – causa complicações, como ilustrado por um experimento mental de O *gene egoísta*: se os parentes podem se reconhecer por meio de uma barba verde, a estratégia inicialmente funciona, mas logo se torna vulnerável à invasão de trapaceiros ou "barbas falsas". Os altruístas também acabariam selecionando indivíduos portadores do "gene da barba" (e do DNA vinculado) – e não por parentesco.

A ideia condensada: O altruísmo individual é impulsionado pelo comportamento de genes egoístas

47 Cooperação

A seleção por parentesco, que ajuda aqueles que compartilham os mesmos genes, explica o altruísmo entre parentes. Mas o comportamento cooperativo também ocorre em indivíduos não aparentados e até mesmo entre membros de espécies totalmente diferentes. Como o altruísmo poderia evoluir nesses casos? Uma explicação é o benefício mútuo por meio do "altruísmo recíproco".

Na natureza, o altruísmo é mais comum entre parentes. A capacidade de sobreviver é influenciada por seus recursos; portanto, desperdiçá-los em outras pessoas incorre em um "custo de aptidão" para quem o faz. O biólogo W. D. Hamilton fez as contas para mostrar que esses custos podem ser compensados se o indivíduo ajudado for um parente, pois ele compartilha uma fração dos genes do altruísta, de forma que este também estará ajudando. A ideia de "aptidão inclusiva" de Hamilton foi popularizada no livro *O gene egoísta*, de Richard Dawkins, publicado em 1976, que também descreve a teoria dominante para explicar a cooperação entre não parentes.

> **"A lealdade... não flui de parentesco; a justiça tem raízes biológicas."**
>
> **Robert Trivers**

Altruísmo recíproco "Uma mão lava a outra." Essa é a ideia básica por trás do altruísmo recíproco, a teoria proposta em 1971 pelo sociobiólogo norte-americano Robert Trivers, que disse que os custos e benefícios do comportamento cooperativo são fundamentalmente alterados quando uma interação social não é simplesmente uma situação única, mas o ator (que realiza o ato altruísta) e o destinatário (aquele que dele se beneficia) provavelmente se encontrarão novamente.

Um exemplo muito óbvio de reciprocidade é a limpeza entre primatas. Um exemplo menos literal ocorre entre peixes limpadores e seus hospedeiros, uma relação simbiótica que poderia ser chamada de "mutualismo", pois aumenta a aptidão de ambas as espécies: os hospedeiros se beneficiam da remoção do parasita; os limpadores conseguem uma refeição. No entanto,

linha do tempo

1964	1971	1974
A teoria da aptidão inclusiva de Hamilton explica o altruísmo por meio da seleção por parentesco	Trivers propõe que o altruísmo recíproco pode explicar a cooperação entre os não parentes	Conflito entre genitores e filhos quanto ao investimento de recursos é descrito por Trivers

outros aspectos do relacionamento parecem altruístas. Alguns anfitriões permitem que os limpadores entrem em suas bocas sem comê-los e até afugentam as ameaças aos limpadores, gastando energia e arriscando o dano – um custo de aptidão – para si mesmos.

Troca de favores A teoria de Trivers sugere que a cooperação pode evoluir por meio de um ciclo de *feedback* positivo: depois que um ator faz um "favor" inicial a um destinatário, este oferece um "favor em troca" (o destinatário se torna um ator). Se interações repetidas proporcionarem benefícios de aptidão, os genes associados ao comportamento cooperativo se espalharão por uma população. Mas, assim como a seleção natural favorece qualquer comportamento dentro de um grupo, a cooperação cria um enigma evolucionário: o que impede um indivíduo de trapacear, recebendo os benefícios sem custo? O que impede um hospedeiro de lanchar seu peixe limpador enquanto todos os outros exercitam o autocontrole? Tais trapaceiros economizam recursos para gastar em outras coisas que aumentem a aptidão, de modo que seus genes – e comportamento – egoístas devem se tornar comuns depois de se espalharem pelo *pool* genético do hospedeiro.

Conflito genético

A cooperação pode ser comum entre parentes, mas mesmo os indivíduos mais próximos – progenitores e filhos – podem entrar em conflito. Como muitos dos desacordos da natureza, esse conflito, em última instância, é impulsionado por uma luta por recursos limitados. A ideia baseia-se nos cálculos matemáticos de W. D. Hamilton para "aptidão inclusiva" em virtude do parentesco genético: descendentes compartilham 50% dos genes com cada um dos genitores, mas só compartilham até 50% com irmãos e irmãs. Como consequência, os filhos tentarão se beneficiar egoisticamente à custa dos irmãos, enquanto os genitores pretendem distribuir recursos igualmente entre as progênies atuais e futuras. Em 1974, Robert Trivers argumentou que isso causa divergências sobre quanto os pais devem investir em filhos individualmente. Na década de 1990, Trivers analisou o conflito entre o genoma de um organismo e seus elementos genéticos egoístas, parasitas que podem ser prejudiciais ao hospedeiro e contribuir para o DNA-lixo. Isso levou a um abrangente livro de 2008, escrito em coautoria com o geneticista evolucionista Austin Burt, *Genes in Conflict* [Genes em conflito].

Um resumo mais preciso do altruísmo recíproco é: "Você faz algo por mim e eu retornarei o favor – mais tarde". A parte do mais tarde é importante porque introduz um atraso entre os favores, dando aos indivíduos altruístas o

1980
Torneio de teoria dos jogos dirigido por Axelrod traz percepções sobre cooperação

1981
Axelrod e Hamilton combinam aptidão e jogos em "The Evolution of Cooperation"

2009
Clutton-Brock sugere que o altruísmo recíproco não é comum na natureza

O dilema do prisioneiro

O cenário clássico analisado pelos teóricos dos jogos imagina que a polícia prendeu dois membros de uma gangue criminosa, com base em poucas provas. Eles são interrogados separadamente pela polícia, que espera uma confissão. Se os membros da gangue ficarem em silêncio – cooperando efetivamente –, cada um deles cumprirá apenas um ano de prisão. Mas se alguém "delata" e aponta os piores crimes do outro, o desertor fica livre pela delação premiada, enquanto o pior infrator fica preso por três anos. Se os dois confessarem, o acordo se anula, e cada um ficará dois anos na prisão.

tempo de identificar trapaceiros dentro de um grupo, discriminar e até mesmo puni-los – seja por não repetir a cooperação ou por agressão ativa. Em um grupo habitado por altruístas tão experientes, o "gene da trapaça" não seria favorecido pela seleção. Com base nisso, Trivers sugeriu que o altruísmo recíproco tem um impacto mais amplo sobre o comportamento social, explicando coisas como gratidão, confiança e suspeita, bem como culpa e tentativas de "fazer as pazes". Interações biológicas, portanto, fornecem um caminho para a evolução da lealdade e da justiça.

Jogue para vencer A teoria do altruísmo recíproco foi corroborada por pesquisas no campo da teoria dos jogos, o estudo de estratégia e tomada de decisões, cujas aplicações se estendem além da biologia para tudo, desde economia e dissuasão nuclear. Seu experimento de pensamento mais famoso é "o dilema do prisioneiro", no qual dois jogadores têm a oportunidade de cooperar em prol de um pequeno benefício compartilhado ou apostar em uma recompensa individual significativa – ou em uma penalidade se forem pegos –, indicando um crime do outro jogador.

Em 1980, o cientista político Robert Axelrod organizou um torneio de jogos repetidos do dilema do prisioneiro. Cada entrada era um algoritmo – um conjunto de instruções de como um jogador deveria jogar instintivamente, e como essas instruções deveriam reagir às ações do outro jogador. As entradas foram pontuadas com base no resultado de mais de duzentas iterações computadorizadas do jogo. Uma estratégia, proposta pelo matemático Anatol Rapoport, surgiu consistentemente: um algoritmo simples no qual um jogador repetidamente escolhe o comportamento cooperativo, a menos que o outro jogador delate, e então pune o outro jogador delator no próximo jogo e só retorna à cooperação se o traidor enxergar o erro de seus caminhos. As semelhanças entre o algoritmo "olho por olho" de Rapoport e o altruísmo recíproco inspiraram Axelrod a colaborar com W. D. Hamilton, o descobridor da "aptidão inclusiva", combinando seleção natural e teoria dos jogos em um artigo de 1981 intitulado "The Evolution of Cooperation" [A evolução da cooperação].

Mutualismo ou manipulação? Por várias décadas, o altruísmo recíproco tem sido amplamente aceito como a explicação provável para a cooperação entre não parentes. No entanto, alguns biólogos já sugeriram que, com exceção dos humanos, os animais não trocam recursos ou serviços. Em 2009, o zoólogo britânico Tim Clutton-Brock examinou alguns exemplos clássicos e descobriu que nenhum preenchia seus critérios rígidos para demonstrar que eram definitivamente altruístas, concluindo que muitos exemplos de cooperação entre não parentes são provavelmente casos de mutualismo ou manipulação.

A cooperação é rara na natureza? Essa questão é difícil de responder, em parte porque o comportamento pode ser interpretado de maneiras diferentes, como ilustrado pelo caso clássico de morcegos hematófagos. Em 1984, o sociobiólogo norte-americano Gerald Wilkinson relatou que, quando os morcegos-vampiros retornam para casa depois da caça, aqueles bem-sucedidos na tarefa às vezes regurgitam alimentos para companheiros famintos, e esse altruísmo costuma ser dirigido a parentes. O biólogo teórico Peter Hammerstein propôs que o compartilhamento de alimentos com não parentes é um subproduto da seleção de parentesco – reconhecimento errado, ou "hipótese de reconhecimento de parentes descalibrada" –, enquanto Tim Clutton-Brock sugeriu que compartilhar é simplesmente manipulação por outros no grupo, com mendicância persistente por morcegos não alimentados que levam à coerção, a "hipótese do assédio". Mas, em 2013, Wilkinson fez um experimento de dois anos para testar essas hipóteses. Após fazer vinte morcegos hematófagos jejuarem e fornecer comida a cada 48 dias, ele mostrou que dois terços do compartilhamento ocorreram entre pares de indivíduos não aparentados (o que parece ser alto para seleção por parentesco que deu errado), e os doadores de alimentos iniciaram o compartilhamento de alimentos com mais frequência que os receptores (inconsistente com assédio). Pelo menos em morcegos-vampiros, a cooperação proporciona benefícios mútuos à aptidão. Nem mesmo sugadores de sangue são egoístas demais para compartilhar.

A ideia condensada: Jogue bem ou sofra as consequências

48 Especiação

A origem das espécies, de Darwin, enfoca o mecanismo evolucionário que produz uma árvore da vida sem realmente explicar como um ramo se torna dois. Embora denominado "evento" de especiação, esse processo é, na verdade, uma separação lenta e gradual que termina com membros de uma população que não são mais capazes de cruzar entre si.

Antes de responder à questão de como novas espécies se formam, devemos perguntar: o que é uma espécie? Os taxonomistas agrupam organismos por características compartilhadas, como a morfologia, mas muitos biólogos preferem o "conceito de espécie biológica", popularizado pelo evolucionista e ornitólogo teuto-americano Ernst Mayr. Em um livro de 1942, *Systematics and the Origin of Species* [Sistemática e a origem das espécies], Mayr definiu espécies simplesmente como populações que podem cruzar entre si.

Existem duas rotas principais para novas espécies em animais, plantas e outros organismos que se reproduzem por meio do sexo. A especiação simpátrica ocorre após indivíduos geneticamente distintos emergirem de dentro de uma população, formando por fim duas espécies que não se intercruzam com intervalos de sobreposição. Um exemplo é o peixe ciclídeo nos grandes lagos da África central, onde a escolha do parceiro pelas fêmeas levou à seleção sexual e criou grupos distintos. A segunda rota principal para novas espécies é a especiação alopátrica, que divide uma população com uma barreira geográfica. Acredita-se que ela desencadeie a maioria dos eventos de especiação. Existem outras rotas para novas espécies, mas muitas vezes é difícil provar que dois grupos não foram geograficamente separados em algum momento no passado.

Isolamento geográfico A especiação alopátrica começa quando uma barreira – talvez uma cadeia de montanhas, um campo de geleiras ou até mesmo uma nova estrada – divide fisicamente uma população em duas. A barreira não precisa ser permanente; precisa apenas durar o tempo suficien-

linha do tempo

1889
Wallace sugere que a especiação é reforçada porque os híbridos são menos adaptados

1937
Dobzhansky propõe que as diferenças genéticas levam à incompatibilidade híbrida

1942
O conceito de espécies biológicas e o efeito fundador são descritos por Mayr

Conceitos de espécies

Um nome de espécie é um rótulo conveniente que usamos para descrever um grupo de organismos que parece distinto de outro grupo. Mas é apenas um instantâneo de uma população em constante evolução em um ponto no tempo: o *Homo sapiens* de hoje é muito diferente dos humanos que apareceram há 200 mil anos, por exemplo. Em animais e plantas, as espécies são definidas com base na sua capacidade de se reproduzir por meio do sexo, mas esse "conceito de espécie biológica" não se aplica a microrganismos, como bactérias que se reproduzem assexuadamente. Outra ideia é o "conceito de espécie filogenética", em que uma espécie é um grupo de indivíduos que compartilham o mesmo ancestral comum. Isso pressupõe que as relações evolutivas podem ser representadas como ramos distintos em uma árvore da vida, o que nem sempre se aplica aos microrganismos, porque eles trocam facilmente o DNA por meio da transferência horizontal de genes. Alguns cientistas distinguem microrganismos com base em medições um tanto arbitrárias de similaridade genética.

te para dar início ao processo de criação de duas espécies "incipientes". Mesmo a migração pode desencadear especiação alopátrica, se alguns membros de uma população conseguirem atravessar uma barreira que normalmente não seriam capazes de superar, permitindo-lhes preencher um novo nicho ecológico vago.

Os tentilhões de Darwin, estudados por mais de quarenta anos pelos biólogos evolucionistas Peter e Rosemary Grant, são um exemplo famoso: mais de uma dúzia de espécies separadas estão espalhadas pelas jovens ilhas do arquipélago de Galápagos, apesar do isolamento da América do Sul continental. Em 2001, os Grant trabalharam com geneticistas para mostrar que os tentilhões são descendentes do gênero *Tiaris*, pássaros canoros da América Central e do Sul. Acredita-se que cerca de 2,3 milhões de anos atrás, na última era glacial, os ancestrais das espécies da ilha conseguiram saltar sobre o gelo do continente.

A seleção artificial em laboratório também forneceu evidências para a especiação alopátrica. Em 1989, a bióloga norte-americana Diane Dodd dividiu uma população de drosófilas (*Drosophila pseudoobscura*) em dois grupos para simular o isolamento geográfico, reproduzindo metade em uma dieta com maltose, enquanto a outra metade vivia de alimentos ricos em amido.

1973
Os Grant começam a acompanhar a evolução dos tentilhões de Darwin nas ilhas Galápagos

1989
Coyne e Orr descrevem a genética da incompatibilidade entre espécies de drosófilas

2006
Genes responsáveis pela incompatibilidade híbrida são descobertos por David Barbash em espécies de moscas

Quando reunidos após um ano, o grupo maltose preferiu acasalar com outras "moscas de maltose", enquanto o grupo de amido preferiu "moscas de amido". A separação mudou seu comportamento sexual: uma barreira geográfica criara uma barreira reprodutiva.

Isolamento reprodutivo O que impede as espécies incipientes reunidas de cruzar para recriar uma única população? A especiação continua se barreiras antes ou depois do acasalamento criarem isolamento reprodutivo. Um fator de pré-acasalamento é a capacidade de reconhecer membros da própria espécie por meio de imagens e sons: na década de 1980, por exemplo, os Grant observaram que tentilhões machos só se aproximavam de um alto-falante se estivesse tocando cantos de sua espécie.

"Espécies são grupos de populações naturais que se cruzam de fato ou potencialmente, as quais são reprodutivamente isoladas de outros grupos."

Ernst Mayr

Híbridos são formados quando membros de duas populações se acasalam. Se sua progênie é saudável e não estéril, seus progenitores *não* eram de espécies diferentes. Esse é o coração do conceito de espécie biológica, proposto pela primeira vez pelo geneticista populacional russo Theodosius Dobzhansky em 1935. Dobzhansky também desenvolveu a ideia de um "*pool* genético", para o qual cada indivíduo contribui. A especiação é o resultado de barreiras que bloqueiam o fluxo gênico em uma população. Uma maneira de isso acontecer é mudando o número de cromossomos: a maioria dos indivíduos tem um par herdado de cada progenitor, mas alguns carregam várias cópias, tornando-os "poliploides". Isso é comum em plantas, mas não em animais. Em 1937, Dobzhansky sugeriu que as barreiras reprodutivas poderiam ser criadas pelo acúmulo de variantes genéticas incompatíveis. Hermann Muller, a primeira pessoa a induzir mutações em drosófilas, chegou a uma conclusão semelhante em 1942. Sua teoria, o modelo Dobzhansky-Müller de incompatibilidade híbrida, foi comprovada pelos geneticistas norte-americanos Jerry Coyne e Allen Orr nos anos 1980. Depois de cruzar duas drosófilas, Coyne e Orr identificaram diversos fatores genéticos que influenciam na fertilidade dos descendentes.

Os efeitos Wallace e fundador O naturalista britânico Alfred Russel Wallace não apenas propôs a seleção natural com Darwin, mas também fundou o campo da biogeografia (o estudo de como as espécies são distribuídas) e contribuiu para a teoria da especiação. Em seu livro *Darwinismo*, de 1889, Wallace sugeriu que, quando duas populações divergem a ponto de cada uma estar bem-adaptada ao seu ambiente, quaisquer híbridos ficam menos adaptados, fazendo com que sejam eliminados pela seleção natural. Esse processo reforça as diferenças entre as duas espécies incipientes no final do processo e é agora conhecido como efeito Wallace.

O isolamento reprodutivo pode também ser impulsionado pelo acaso por meio da deriva genética. Indivíduos que migram para um novo ambiente, como os ancestrais dos tentilhões de Darwin que chegaram às ilhas Galápagos, são um subconjunto de uma população maior. Essa pequena amostra aleatória contém, inicialmente, poucas variantes no *pool* genético, limitando sua evolução inicial. Esse conceito, o "efeito fundador", foi proposto por Ernst Mayr em 1942.

Quaisquer que sejam os processos que conduzam ao isolamento, o resultado final é que os sistemas reprodutivos de duas espécies se tornam incompatíveis, impedindo a fertilização, porque os óvulos não reconhecem mais os espermatozoides. Mais tarde, os órgãos sexuais não se encaixam adequadamente. À medida que os dois grupos acumulam mais e mais diferenças ao longo do tempo, seus dois ramos na árvore da vida se tornam mais distantes, a ponto de até mesmo os não biólogos conseguirem distinguir espécies distintas.

Espécie dividida

São duas as principais rotas para a especiação. A especiação simpátrica ocorre após indivíduos geneticamente distintos emergirem de dentro de uma população e, por algum motivo, pararem de cruzar, formando duas espécies com intervalos de sobreposição. A especiação alopátrica ocorre após uma barreira geográfica dividir fisicamente uma população.

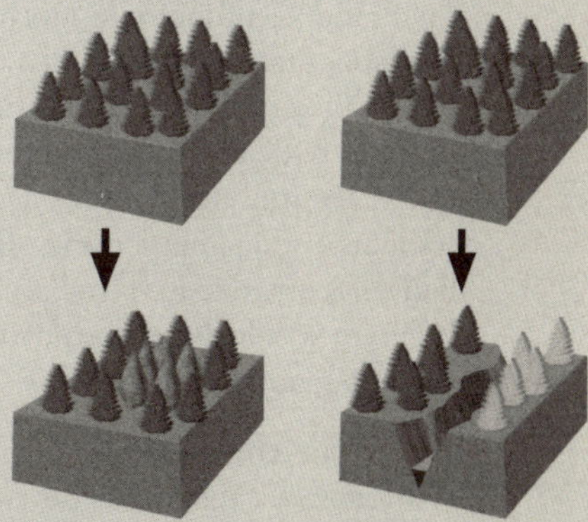

Especiação simpátrica   Especiação alopátrica

A ideia condensada: Novas espécies são formadas por barreiras

49 Extinção

Embora o atual acervo de organismos de nosso planeta possa parecer impressionante, é apenas uma fração da biodiversidade ao longo do tempo: mais de 99% das espécies desapareceram durante a história da vida na Terra. A maioria foi extinta lentamente, mas algumas espécies morreram relativamente rápido devido à extinção em massa.

A extinção é um fenômeno natural. Dada a velocidade com que as espécies estão morrendo pela atividade humana, é fácil esquecer. Seja qual for a causa, quando o número de mortes ao longo do tempo ultrapassa a taxa de natalidade, uma população fica condenada à extinção. O momento oficial da extinção ocorre quando o último membro de um grupo morre, mas uma população pode estar efetivamente extinta muito antes disso, quando há pouquíssimos indivíduos aptos a se reproduzir. À medida que o grupo encolhe, há mais endogamia, criando um *pool* genético superficial com pouca variedade. Os organismos têm baixa saúde genética e menor probabilidade de sobreviver à seleção natural, morrendo por doenças ou sendo vencidos por outros organismos.

Extinção de espécies Seja desencadeada por alterações naturais ou artificiais, a causa final de extinção é sempre a mesma: uma espécie não consegue se adaptar ao seu ambiente. Espécies invasoras podem surgir pela migração ou após serem introduzidas por seres humanos, por exemplo, e a seca pode acontecer em ciclos de tempo normal ou por mudanças climáticas antropogênicas. Espécies podem ser extintas por meio de um efeito em cadeia, se algo de que dependam desaparecer de seu ecossistema: predadores perdem suas presas, parasitas perdem seus hospedeiros, plantas perdem seus polinizadores. A extinção também pode ser uma consequência da especiação: como um ramo da árvore da vida se divide em dois, o ancestral dos dois descendentes se extingue. Assim como novos tipos de organismos aparecem continuamente através de especiação, outros desaparecem através da extinção.

linha do tempo

443 milhões de anos atrás	359 milhões de anos atrás	251 milhões de anos atrás
Extinção em massa ordoviciana mata 86% das espécies após o resfriamento global	Eventos devonianos chegam à extinção de 75% das espécies por meio de mudanças ambientais	A extinção em massa do Permiano (Grande Agonia) mata 96% das espécies

Nem sempre os cientistas pensaram que espécies podiam se extinguir. Até o final do século XVIII, muitos supunham que fósseis em rochas fossem restos de criaturas vivas; outros acreditavam que Deus jamais permitiria que suas criações desaparecessem da face da Terra. Se um organismo não fosse encontrado, era por ter se mudado para outro local, vivendo em algum lugar. A primeira evidência clara da extinção foi apresentada em 1796 pelo anatomista Georges Cuvier, que descreveu seu trabalho com ossos fossilizados na Academia Francesa de Ciências, afirmando que os elefantes indianos e africanos eram distintos e que os mamutes e mastodontes da Europa e da Sibéria eram "espécies perdidas". Cuvier, no entanto, não acreditava na evolução gradual através de "transmutação" de espécies, mas pensava que uma nova espécie surgia após "revoluções" súbitas, catástrofes periódicas que desapareciam com inúmeras espécies. Embora estivesse errado sobre evolução, Cuvier estava certo sobre as catástrofes.

Cinco extinções em massa

A diversidade ao longo do tempo para famílias de vertebrados e invertebrados marinhos baseados em uma figura de Raup e Sepkoski (1982) na revista *Science*. Cada um dos cinco eventos de extinção em massa reduziu a diversidade em mais de 10% e agora são definidos por 75% de perda de espécies.

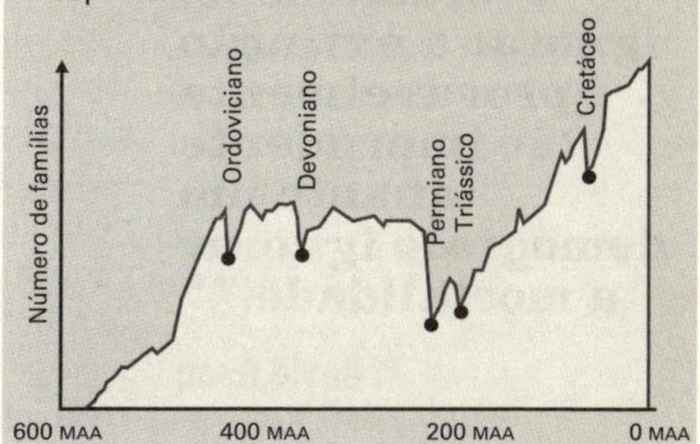

Extinções em massa Enquanto a maioria dos organismos desaparece por meio da extinção lenta e contínua de espécies individuais, desastres naturais ocasionais podem afetar os ecossistemas em todo o mundo e matar um grande número de espécies em um período relativamente curto de tempo. Os paleontólogos reconhecem cinco eventos de quando a perda de biodiversidade foi tão grande que eles acabaram constituindo uma extinção em massa. As cinco grandes extinções foram identificadas em 1982 pelos norte-americanos David Raup e Jack Sepkoski, que calcularam as taxas de extinção entre 3.300 famílias de vertebrados e invertebrados marinhos. Começando de quando os animais aparecem pela primeira vez no registro

200 milhões de anos atrás
Evento triássico causa a extinção de 80% das espécies

65 milhões de anos atrás
Impacto do meteorito no final do Cretáceo mata 76% das espécies, inclusive os dinossauros

10.000 a.C.
Holoceno: uma potencial sexta extinção em massa impulsionada pela atividade humana

fóssil, 542 milhões de anos atrás, eles notaram uma queda acentuada no número de famílias em cinco pontos. A extinção mais gigantesca de todas foi o evento do Permiano, ou "Grande Agonia", cerca de 252 milhões de anos atrás – a única época em que florestas e recifes de corais praticamente desapareceram, e a diversidade de famílias foi reduzida à metade. A mais recente extinção é o evento no fim do Cretáceo, há 65 milhões de anos, que reduziu as famílias em 11% e acabou com os dinossauros.

Extinções em massa podem ser causadas por mudanças climáticas drásticas desencadeadas por fatores externos, como impactos de meteoritos ou forças internas, como atividade vulcânica, que levam ao aquecimento global ou ao resfriamento, criando uma "Terra estufa" ou uma "Terra bola de neve". Tais mudanças acontecem muito repentinamente para que mecanismos de *feedback* como rochas ou plantas possam fazer a compensação rápido o suficiente, alterando o ambiente além da capacidade de muitos organismos de se adaptar. A vida recupera-se após uma extinção em massa à medida que os sobreviventes evoluem para ocupar nichos ecológicos vagos, então a extinção pode ser vista como um processo criativo.

"Para um biólogo evolucionário, ignorar a extinção é provavelmente tão imprudente quanto um demógrafo ignorar a mortalidade."

David Raup

A sexta extinção Os conservacionistas advertem que estamos no meio de uma sexta extinção em massa, impulsionada pela atividade humana. O Fundo Mundial para a Natureza (WWF, na sigla em inglês) declara que as duas principais ameaças são a perda e degradação de hábitat e a exploração pela caça e pesca. A crise da biodiversidade tem o nome da época geológica atual, a "extinção do Holoceno". Sua mais famosa vítima é o dodô, um grande pássaro não voador que foi visto pela última vez em 1662: quando os holandeses se estabeleceram na ilha de Maurício, destruíram o hábitat da floresta e introduziram mamíferos que concorriam por comida. Segundo o biólogo Rodolfo Dirzo, 322 espécies de vertebrados terrestres foram extintas a partir de 1500. Entre as espécies remanescentes, houve um declínio de 25% nas populações de vertebrados terrestres e um declínio de 45% entre os invertebrados.

Do ponto de vista paleontológico, a atual crise da biodiversidade ainda não se qualifica como uma extinção em massa, mas essa não é uma comparação justa, pois os números dos cinco grandes eventos foram calculados a partir de fósseis, enquanto organismos vivos ainda podem estar em vias de extinção. Supondo que as espécies classificadas como "ameaçadas" pela União Internacional para a Conservação da Natureza (IUCN) tenham ultrapassado o ponto sem retorno, a magnitude da extinção é de cerca de 23%. Com base em um cenário hipotético do paleobiólogo Anthony Barnosky, no qual

Desextinção

Mamutes peludos podem um dia andar novamente sobre a Terra, graças à tecnologia de clonagem – a chamada "desextinção". O DNA se decompõe após a morte, e isso acontece mais rápido em temperaturas mais quentes, então seria improvável que a clonagem do dodô ou do tigre-da-tasmânia tivesse sucesso, mas as condições de congelamento da Sibéria poderiam preservar o tecido do mamute. Em vez de empregar a técnica usada para criar a ovelha Dolly (injetar DNA de uma célula do corpo em um óvulo), os cientistas provavelmente reverteriam o desenvolvimento do tecido para produzir células-tronco e convertê-las em um óvulo. A célula seria estimulada a se dividir sem fertilização para criar uma cópia do animal doador de DNA, e o embrião seria implantado em uma mãe substituta de uma espécie intimamente relacionada. Pode parecer ficção científica, mas a desextinção já foi alcançada: em 1999, biólogos espanhóis clonaram o último bucardo (íbex-dos-pireneus) usando uma cabra "de aluguel". Se os cientistas conseguirem convencer uma elefanta a dar à luz um mamute, os gigantes poderão percorrer a tundra siberiana mais uma vez.

todas as espécies atualmente ameaçadas se extinguem em um século, poderíamos alcançar o nível de 75% em cerca de trezentos anos.

Outro método para testar se estamos vivendo a sexta extinção em massa é comparar a taxa atual de perda de espécies com uma taxa de extinção de fundo, estimada em 0,1 extinção por milhão de espécies por ano. Em 2014, o ecologista de conservação Stuart Pimm calculou que a taxa atual é mil vezes maior que a taxa de fundo.

A ideia condensada: Espécies não conseguem se adaptar à mudança ambiental

50 Biologia sintética

Em 20 de maio de 2010, o geneticista norte-americano J. Craig Venter anunciou que sua equipe havia criado a primeira célula sintética do mundo. O microrganismo representa o próximo passo na engenharia genética: em vez de modificar o DNA de um organismo existente, um genoma é construído do zero – uma conquista que levará a formas de vida projetadas.

Venter é famoso por liderar a empresa privada que disputou com o Projeto Genoma Humano, que é público, para ler nossa sequência completa de DNA. A corrida terminou em um empate em 2000, que Venter chamou de "desvio de três anos" de seu principal objetivo: a vida sintética. Em 1995, trabalhando com os microbiologistas Clyde Hutchison e Hamilton Smith, sua equipe foi a primeira a ler o genoma de um organismo de vida livre, a bactéria *Haemophilus influenzae*, e o menor genoma, *Mycoplasma genitalium*. Em 2003, eles conseguiram *escrever* um genoma usando nucleotídeos sintéticos para recriar a sequência de 5 mil letras do vírus bacteriófago Phi X174. Então, em 2010, eles fizeram o mesmo com a *Mycoplasma mycoides*, fabricando uma célula sintética a partir de um código digital de 1 milhão de letras em um computador. A mídia apelidou de "Synthia".

Blocos construtores O principal objetivo da biologia sintética é construir máquinas vivas. Os pesquisadores estão compilando um conjunto de peças padronizadas, blocos genéticos de Lego chamados BioBricks, para facilitar a mistura e a combinação de diferentes componentes. Foi feito o *upload* de milhares de módulos no Registro de Partes Biológicas Padrão, um banco de dados hospedado pelo Instituto de Tecnologia de Massachusetts. Organismos projetados podem combinar peças com funções distintas: por exemplo, sensores para detectar produtos químicos, como toxinas, e indicadores para revelar sua presença. Em 2009, por exemplo, os estudantes da

linha do tempo

1995
É publicada sequência do genoma da *Mycoplasma genitalium*

2000
Interruptor genético embutido em *Escherichia coli*

2003
O genoma do vírus Phi X174 é sintetizado artificialmente

Células sintéticas

A primeira célula sintética começou a vida em um computador, como código digital para a *Mycoplasma mycoides*. O milhão de letras de seu genoma foi passado para sintetizadores químicos para produzir pequenos fragmentos de DNA, que foram reunidos em um cromossomo em uma célula de levedura e depois transplantados para uma célula bacteriana receptora de uma espécie relacionada, *M. capricolum*, da qual o DNA fora removido. Depois de aceitar o DNA doador, a célula leu o genoma sintético para produzir novas proteínas. Com o tempo, à medida que a célula se dividia, traços das espécies originais desapareceram e a colônia de células se tornou o organismo codificado pelo DNA sintético.

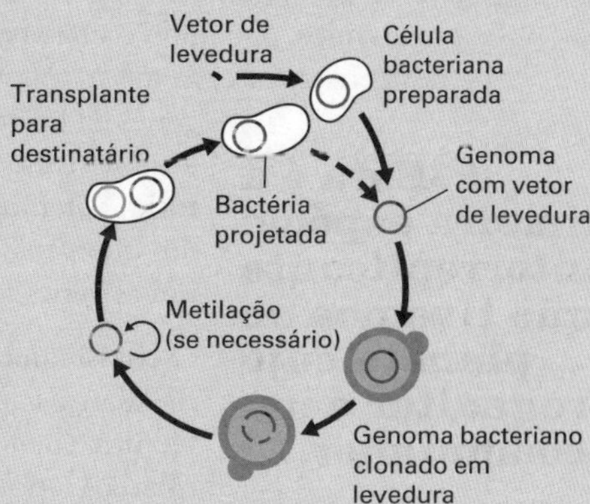

Universidade de Cambridge ganharam a competição anual de Máquinas Geneticamente Projetadas (iGEM) fazendo sete linhagens de *E. coli* que produziam diferentes pigmentos coloridos, apelidados de "E. chromi".

Um dos principais componentes de uma máquina é um botão liga/desliga. Em 2000, o bioengenheiro James Collins criou um interruptor em *E. coli* que pode ser acionado para os dois estados. O interruptor consistia em dois genes, cada um codificando uma proteína "repressora" que bloqueava a atividade do outro, de modo que, quando um gene estava "ligado", o outro estava "desligado". Ele pode ser controlado dando à célula um produto químico específico ou alterando a temperatura, e poderia potencialmente ser usado para ativar outros genes.

Genomas mínimos As máquinas precisam de um chassi para suportar suas peças. Todo genoma inclui o DNA que é necessário para o funcionamento e a manutenção de uma célula, genes de "manutenção" que codificam proteínas e RNA que são necessários para reações metabólicas vitais e

2005
O vírus "T7.1" modificado sem genes sobrepostos é criado por Drew Endy

2009
Evolução e edição mais rápidas são testadas em *E. coli*

2010
O DNA de *M. mycoides* assume a célula de *M. capricolum*

divisão celular, por exemplo. Mas esses genes não são unidades modulares como os BioBricks, o que os torna difíceis de isolar. Uma maneira de projetar um chassi é eliminar cuidadosamente cada gene, um de cada vez, e observar se um organismo sobrevive. Aqueles que não são essenciais podem ser removidos, deixando o chassi ou "genoma mínimo". Isso é o que a equipe de Venter fez com a *Mycoplasma genitalium*, descobrindo que, dos 482 genes da bactéria, cerca de cem não são essenciais para a sobrevivência, pelo menos em condições de laboratório. A remoção de genes não essenciais ajuda a impedir que seus produtos causem complicações quando novos genes são adicionados.

"Esta é a primeira espécie autorreplicante que tivemos no planeta cujo progenitor é um computador."

J. Craig Venter

O chassi também pode ser simplificado. Em 2009, Harris Wang, Farren Isaacs e Peter Carr inventaram uma técnica chamada MAGE (sigla em inglês para Engenharia Genômica Multiplexada e Evolução Acelerada), que acelera a criação de organismos projetados. Em 2011, os pesquisadores usaram a MAGE para reengenharia dos genomas do *E. coli* para executar algo como o localizar e substituir em um documento de texto, alterando cada instância de "TAG" para "TAA" nos genes. Quando a máquina de leitura de DNA encontra as palavras de três letras, ambas traduzem como "parar", o fim de uma frase para codificação de proteína. Mudar para usar somente "TAA" significa que o tradutor para "TAG" pode ser excluído, protegendo uma bactéria "rE. coli" da replicação por vírus cujos genomas usam "TAG" como sinal de "parar".

Segurança O potencial da biologia sintética é ao mesmo tempo entusiasmante e assustador. Um medo é que ela possa ser usada para o bioterrorismo: os virologistas recriaram o poliovírus sintetizando seu genoma em 2002, enquanto, em 2005, os pesquisadores do Centro de Controle e Prevenção de Doenças dos EUA ressuscitaram o vírus por trás da pandemia de gripe espanhola de 1918. Uma preocupação relacionada ecoa os velhos argumentos contra organismos geneticamente modificados: a contenção para impedir que um organismo escape para a natureza. Como resultado, os biólogos sintéticos realizam uma extensa avaliação de risco e têm um código de ética e responsabilidade, além da regulamentação usual para trabalhar com potenciais riscos biológicos, o que inclui mecanismos de proteção para impedir que os organismos saiam do laboratório. Venter, por exemplo, excluiu genes para que suas bactérias não possam crescer sem nutrientes específicos, o que coloca um micróbio em uma rédea curta. James Collins, que desenvolveu o interruptor liga/desliga, está desenvolvendo um "interruptor de morte" genético, que desencadeia a produção de proteínas tóxicas em resposta a certas substâncias químicas. No futuro, a vida sintética poderia ser construída a partir de moléculas não encontradas na natureza, bloqueando a replicação.

Projetos digitais Venter espera criar algas que absorvam dióxido de carbono do ar e liberem biocombustíveis. Também tem a ideia de uma máquina que cria organismos sob demanda a partir de um código de DNA digital, células em crescimento para fornecer uma prescrição de insulina ou uma vacina contra uma pandemia. Venter chama essa máquina de "conversor biológico digital"; parece ficção científica, mas já existe um protótipo básico.

O que é a vida? A biologia sintética levanta numerosas questões filosóficas sobre as relações entre populações de organismos e, sobretudo, entre o homem e tudo o mais. Embora muitas populações possam influenciar a evolução dos outros em algum grau, até mesmo impulsionar a especiação e a extinção, os seres humanos são as únicas espécies com a capacidade de criar a vida a partir do zero. Uma coisa viva ainda será "natural" se for feita como um processo artificial? A única coisa que sabemos com certeza é que, se um organismo tem características da vida e realiza os processos da vida, é vida.

Edição de genoma

Até agora, a maioria das formas de "terapia gênica" empregou vírus para tentar apresentar um gene funcional que compensa uma cópia defeituosa ou para interromper o DNA disfuncional, mas essa abordagem pode ser imprevisível. Para que a engenharia genética seja realmente bem-sucedida no tratamento de doenças humanas, deve ser possível atingir locais específicos no genoma. Uma nova abordagem, a edição do genoma, utiliza enzimas chamadas nucleases como tesouras moleculares para recortar letras específicas na dupla-hélice, contando com máquinas de reparo de DNA para corrigir os cortes. Uma técnica promissora é o sistema CRISPR-Cas9, usado para a imunidade adaptativa em micróbios: após a invasão por um vírus, o material genético alheio é cortado por enzimas, e sequências virais são adicionadas à região CRISPR do DNA do micróbio *E. coli.* A enzima Cas9 pode então usar cópias de RNA dessa região como um guia para reconhecer e cortar vírus após a reinfecção, como encontrado por Emmanuelle Charpentier e Jennifer Doudna em 2012. Os cientistas agora projetam guias de RNA para combinar sequências humanas de terapia gênica.

A ideia condensada: A vida projetada

Glossário

Ácidos nucleicos Moléculas de DNA ou RNA.

Adaptação Evolução que produz características que fornecem aptidão a um ambiente.

Alelos Diferentes variantes de um gene.

Aminoácidos Blocos construtores químicos de polipeptídeos.

Aptidão Capacidade de sobreviver e de se reproduzir.

Características Atributos físicos de um organismo, inclusive a bioquímica invisível a olho nu.

Carboidratos Moléculas de carbono, hidrogênio e oxigênio de que se alimenta a maioria dos organismos.

Células Unidades de vida com membranas gordurosas para separar o metabolismo do entorno.

Citoplasma O conteúdo de uma célula, excluindo o núcleo, em uma solução aquosa (citosol).

Código genético Regras que permitem que as instruções genéticas sejam traduzidas em proteínas.

Cromossomos Estruturas feitas de DNA e proteínas associadas.

Deriva genética Processo que causa a evolução por meio da amostragem aleatória de um *pool* genético.

DNA Ácido desoxirribonucleico, uma molécula com quatro bases (A, C, G, T) que forma pares de filamentos na dupla-hélice.

Egoísmo Comportamento de um indivíduo ou gene que parece agir em seu próprio interesse.

Embrião Organismo multicelular existente durante o desenvolvimento inicial, entre fertilização e nascimento.

Enzimas Proteínas ou moléculas de RNA que possibilitam reações bioquímicas (catálise).

Epigenética Transmissão de informação biológica que não é codificada como uma sequência de letras no DNA.

Espécie Um tipo distinto de organismo, muitas vezes interpretado como uma população cujos membros podem se intercruzar.

Eucariontes Organismos que consistem em uma ou mais células complexas que geralmente contêm um núcleo.

Evolução Mudança para uma população ao longo do tempo.

Expressão gênica Conversão de informação biológica em características físicas.

Fenótipo Características que resultam de um genótipo.

Fisiologia Os processos que sustentam um corpo.

Gametas Células reprodutivas, geralmente óvulos ou espermatozoides.

Genes Unidades de hereditariedade que codificam instruções para a produção de uma molécula de proteína ou RNA.

Genoma Conjunto completo de genes ou ácidos nucleicos dentro de uma célula, indivíduo ou espécie.

Genótipo Combinação de alelos para um ou mais genes.

Hábitat Lar natural de uma população.

Herança *ver* hereditariedade.

Hereditariedade Transmissão de genes entre gerações, muitas vezes interpretada como dos pais para os filhos, mas também por divisão celular.

Homeostase Manutenção das condições internas relativamente constantes.

Material genético *ver* ácidos nucleicos.

Meio ambiente O entorno físico e os organismos biológicos dentro de um hábitat ecológico.

Metabolismo Reações bioquímicas que sustentam uma célula.

Mitocôndrias Organelas presentes nas células eucariontes responsáveis por realizar principalmente a respiração.

Morfologia Formato do corpo ou de parte do corpo.

Mutações Alterações na sequência de letras em ácidos nucleicos.

Núcleo Organela em células eucariontes que contém DNA e inicia a expressão gênica.

Nucleotídeos Blocos construtores de ácidos nucleicos, cada um com uma das quatro "letras" ou bases químicas.

Organelas Pequenos "órgãos" dentro das células que realizam, pelo menos, uma atividade.

Órgãos Partes do corpo em um sistema que realiza uma atividade, como digestão ou reprodução.

Polipeptídeos Moléculas codificadas por genes, cada uma feita de uma sequência de aminoácidos.

***Pool* de genes** Coleção de alelos em uma população.

Procariontes Organismos que geralmente consistem em uma única célula com DNA nu no citoplasma.

Proteínas Estruturas dobradas que executam funções em células, feitas de um ou mais polipeptídeos.

Recombinação Criação de novas combinações de genes pela troca do ácido nucleico entre as seções dos cromossomos.

RNA Ácido ribonucleico, uma molécula com quatro bases (U em vez de T de DNA) que frequentemente ocorre como cadeias simples.

Seleção natural Processo que impulsiona a adaptação por meio da sobrevivência do mais apto.

Simbiose Relacionamento próximo entre duas espécies que geralmente beneficia, pelo menos, um parceiro.

Tecidos Grupos de células que executam uma tarefa, como movimento ou comunicação.

Índice

Agradecimentos

Foi mais fácil escrever este livro graças ao amor e apoio de Vincent e Danielle Chamary, à simpatia e paciência de Giles Sparrow e aos amigos que convidaram o autor para sair de sua mesa sem perguntar se o livro estava pronto ainda. Agora está.

Créditos das imagens

55: AzaToth via Wikimedia;
95: Designua/Shutterstock;
115: Toni Barros via Wikimedia;
123: GunitaR/Shutterstock.

Todas as outras imagens: Tim Brown.
Página 37 segundo Madprime, via Wikipedia;
página 62 segundo *Cell* 157, p. 95-109;
página 89 segundo Katie Vicari, *Nature Biotechnology* 30, p. 408-410;
página 139 segundo *Current Biology* 24, p. R408-R412;
página 145 segundo Terese Winslow, *Scientific American,* setembro de 2002, p. 58-65;
página 187 segundo *Nature Education Knowledge* 3, p. 78.

Este livro foi composto em Goudy Old Style
e impresso pela Gráfica Santa Marta para a
Editora Planeta do Brasil em janeiro de 2019.